化肥农药减量增效技术

主　编　吴艳茹　沈志河　李艳蒲

天津出版传媒集团

天津科学技术出版社

图书在版编目（CIP）数据

化肥农药减量增效技术 / 吴艳茹，沈志河，李艳蒲主编. — 天津 ：天津科学技术出版社，2020.3

ISBN 978-7-5576-7249-2

Ⅰ. ①化… Ⅱ. ①吴… ②沈… ③李… Ⅲ. ①施肥②农药施用 Ⅳ. ①S147. 2②S48

中国版本图书馆 CIP 数据核字（2019）第 267490 号

化肥农药减量增效技术

HUAFEI NONGYAO JIANLIANG ZENGXIAO JISHU

责任编辑：韩　瑞

责任印制：兰　毅

出　　版：天津出版传媒集团 / 天津科学技术出版社

地　　址：天津市西康路 35 号

邮　　编：300051

电　　话：（022）23332390

网　　址：www. tjkjcbs. com. cn

发　　行：新华书店经销

印　　刷：三河市悦鑫印务有限公司

开本 850×1168　1/32　印张 6. 5　字数 200 000

2020 年 3 月第 1 版第 1 次印刷

定价：32. 80 元

《化肥农药减量增效技术》
编委会

主　编　吴艳茹　沈志河　李艳蒲
副主编　邹　游　漆杏华　刘高枫
　　　　孟瑞斌　朱庆荣　王乐锋
　　　　于国锋　彭日民　郭宏菲
　　　　尹晓玲　孙立军　唐慧玲
　　　　于志波　连海平　刘君权
　　　　吕方军　张莲晓
编　委　杨国琼　李翠兰　李　鹏
　　　　郑　慧　罗传贵　方爱连
　　　　严永红　郭立华　胡素丽
　　　　王亚丽　屈智伟

前　言

转变农业发展方式是当前和今后一个时期农业农村经济发展的战略选择。化肥农药作为重要的农业生产资料，既有投入产出效益问题，也有生产环境保护问题。推进减量增效，是转变农业发展方式的重要措施，实现农业节本增效、实现农业提质增效、实现农业环境友好，都迫切需要推进化肥农药减量增效。

本书围绕农民化肥农药减量增效实施中可能遇到的问题，介绍了化肥、农药概述、化肥施用知识、主要粮食作物化肥减量增效技术、常见蔬菜化肥减量增效技术、常见果树化肥减量增效技术、茶树化肥减量增效技术、农药施用知识、主要粮食作物病虫草害防控技术、常见蔬菜病虫害防控技术、常见果树病虫害防控技术、茶树病虫草害防控技术等内容。

由于编者水平所限，加之时间仓促，书中不尽如人意之处在所难免，恳切希望广大读者和同行不吝指正。

编　者

目　录

第一章　农业化肥、农药减量增效技术概述 …………………… (1)

第一节　化肥、农药的概念 …………………………………… (1)

第二节　化肥、农药减量增效的作用 …………………………… (2)

第二章　化肥减量增效基础知识 ………………………………… (5)

第一节　农业化肥减施技术概述 ………………………………… (5)

第二节　化肥科学施用 ………………………………………… (9)

第三节　新型肥料科学施用技术 ……………………………… (18)

第三章　作物化肥减量增效技术 ……………………………… (34)

第一节　粮油经济作物化肥减量增效技术 …………………… (34)

第二节　蔬菜作物化肥减量增效技术 ………………………… (50)

第四章　果树化肥减量增效技术 ……………………………… (75)

第一节　主要果树养分需求特点 ……………………………… (75)

第二节　苹果树减量增效技术 ………………………………… (83)

第三节　梨树减量增效技术 …………………………………… (85)

第四节　葡萄减量增效技术 …………………………………… (86)

第五章　茶树化肥减量增效技术 ……………………………… (90)

第一节　茶树作物养分需求特点 ……………………………… (90)

第二节　茶园化肥减量增效技术 ……………………………… (94)

第六章　农药减量增效基础知识 ……………………………… (99)

第一节　农业节药技术概述 …………………………………… (99)

第二节　农药精确施用技术 ………………………………… (102)

第三节　机械节药技术 …………………………………………… (108)
第四节　物理节药技术 …………………………………………… (114)
第五节　生物防治技术 …………………………………………… (126)
第六节　农业生产措施节药技术 ………………………………… (136)
第七节　化学农药替代技术 ……………………………………… (144)
第七章　作物病虫害综合防控技术 ……………………………… (157)
第一节　粮油主要病虫害综合防控技术 ………………………… (157)
第二节　蔬菜主要病虫害综合防控技术 ………………………… (168)
第八章　果树病虫害综合防控技术 ……………………………… (177)
第一节　果树病害 ………………………………………………… (177)
第二节　果树虫害 ………………………………………………… (191)
第九章　茶树病虫害综合防控技术 ……………………………… (195)
第一节　主要病虫草害 …………………………………………… (195)
第二节　综合防控技术 …………………………………………… (196)
主要参考文献 ……………………………………………………… (200)

第一章　农业化肥、农药减量增效技术概述

第一节　化肥、农药的概念

化肥：是指用化学和(或)物理方法制成的含有一种或几种农作物生长需要的营养元素的肥料的总称，又称商品肥料或是无机肥料。化肥特点就是成分单一或是多种、养分含量高、肥效快，一般不含有有机质并且具有一定的酸碱反应，贮运和使用方便。

农药：是指用来防治农业及农副产品的病菌、害虫、螨类、线虫类、杂草、鼠类和调节植物生长的药剂，以及使这些药剂效力增加的辅助剂和增效剂。农药广义的定义是指用于预防、消灭或者控制危害农业、林业的病虫草害和其他有害生物以及有目的地调节植物、昆虫生长的化学制剂或者来源于生物、其他天然物质的一种物质或者几种物质的混合物及其制剂。

化肥是农业持续发展的物质基础，在农业生产中发挥着重要的作用。据联合国粮农组织(FAO)的资料，发展中国家施肥可提高粮食作物单产 55%～57%，总产 30%～31%。施肥，尤其是施用化肥，无论在发达国家或发展中国家都是最快、最有效、最重要的增产措施。据专家分析，我国耕地基础地力偏低，化肥施用对粮食增产的贡献较大，贡献率在 40%以上。20 世纪，粮食单产的 1/2、总产的 1/3 来自化肥的贡献。全国化肥试验表明，施用化肥可提高水稻、玉米、棉花单产 40%～50%，提高小麦、油菜等越冬作物单产 50%～60%，提高大豆单产近 20%。21 世纪初，化肥对粮食总产量

的贡献率，小麦为 30.5%，玉米为 25.3%，水稻为 18.7%。21 世纪的前 10 年与 20 世纪相比，化肥对粮食增产的贡献率虽然有所下降，但对三大主粮总产量的贡献率仍占 1/4。化肥对保证粮食安全起到了重要作用。因此，化肥在农业生产中对于提高作物产量、提高土壤生产力发挥着重要的作用。

农药是重要的农业生产资料，由于具有高效、快速、经济、简便等特点，成为防治农作物病、虫、草、鼠害的重要手段。大幅度降低了病、虫、草、鼠等对农作物的危害，使得农业有了稳产的可能性，农产品产量和质量均有所提高。我国每年使用农药挽回的损失可解决 1 亿人口的吃饭穿衣问题，农药为我国解决温饱问题做出了功不可没的贡献，发挥了举足轻重的作用。但农药又是一种有毒物质，如果使用不当会产生负面影响。所以，要客观、科学、公正、辩证地评价农药的功过，才能扬其利、避其害。随着科学技术的进步，农药必将会被不断改进与提高，继续发挥重要作用。

第二节　化肥、农药减量增效的作用

一、化肥减量增效的意义

我国是个农业大国，农业是国民经济的基础，保障国家粮食安全和重要农产品有效供给是建设现代农业的首要任务。在人口压力大、环境资源紧张、农业基础薄弱，且农业有害生物多发、重发、频发的严峻形势下，我国粮食生产连续 11 年保持增长，化肥、农药做出了重要的贡献。然而，过量和不能合理、适时、对症用肥用药，肥、药利用率不高，带来了土壤板结、酸化、农药残留毒性、病虫抗(耐)药性上升、次要害虫大发生、环境污染和生态平衡破坏等一系列问题，严重威胁着我国农产品质量安全和农业生态环境安全。因此，需要加快改变农作物对化肥、农药过分依赖的传统方式，在稳产增产前提下，大力发展化肥、农药替代技术及相关产品研发，促进化学肥料高效利用量、传统化学防治向现代绿色防控的转变，减少生产中化学农药的投入使用量，实现农产品产量与质量安全、农业生态环境保护相协调的可持续发展，同时降低农业生产成本，促进农民节本增效。

二、农药减量增效的意义

“十三五”中央农村工作主线在于“稳粮增收调结构，提质增效转方式”，其中“化肥减量提效、农药减量控害”是该工作的重要内容。为促进化肥、农药减量增效和科学安全使用，农业农村部先后出台了相关的政策和实施方案。2015 年，农业农村部下发了关于印发《到 2020 年化肥使用量零增长行动方案》和《到 2020 年农药使用量零增长行动方案》的通知(农农发〔2015〕2 号)。在方案中强调，农药减量增效重点是“药、械、人”三要素协调提升。推广高效、低毒、低残留农药，推广新型高效植保机械，普及科学用药知识，以新型农业经营主体及病虫防治专业化服务组织为重点，培养一批科学用药技术骨干，辐射带动农民正确选购农药、科学使用农药，整体提高农民科学用药意识和用药水平。通过强化组织领导、上下联动推进、强化政策扶持、发挥专家作用、加强法制保障、强化宣传引导等途径，积极推进农药减量增效技术，大力宣传绿色防控技术和科学用药知识，增强农民安全用药意识，推广统防统控技术，营造良好社会氛围。

自 2015 年农业农村部提出《到 2020 年农药使用量零增长行动方案》以来，全国各级农业植保部门认真组织实施，积极开拓创新，狠抓关键措施，强化工作落实，农药减量增效取得良好成效，实现了农药减量使用、重大病虫灾害有效防控的目标，对推进农业发展方式转变，保障农业生产安全、农产品质量安全和生态环境安全，促进农业绿色、可持续发展，起到了积极推动作用。推广农药减量控害技术，实现农药使用量零增长，是当前和今后一个时期农业植保工作的一项重要任务，要加大工作力度，进一步推进，力争有新的突破。

关于农药使用量零增长行动方案今后如何推进与落实，相关专家一致认为要从五方面加大工作力度：一是强化农作物重大病虫害监测预警，夯实病虫防控基础，确保及时采取有效防控措施；二是深化绿色植保理念，实化、优化综合防控技术，尽量减少化学防治；三是扎实推进专业化统防统治，加快发展病虫害防治社会化服务组织，提高农药科学使用水平；四是强化农药新品种、新剂型、新助剂等试验示范，抓好农药科学安全使用技术培训，促进农药减量增效；五是加大先进高效施药机械及施药技术推广力度，提升防治装备水平，切实提高农药利用率。

通过农药的减量增效及其他措施的研发、推广和应用，在不久的将来，我国将形成产出高效、产品安全、资源节约、环境友好的现代农业发展之路。

第二章　化肥减量增效基础知识

第一节　农业化肥减施技术概述

一、化肥是现代农业的物质支撑

化肥起源于欧洲，是工业革命的产物。1800 年英国率先从工业炼焦中回收硫酸铵作为肥料，但直到 1908 年德国发明了现代合成氨工艺，才实现了化肥充足供应。化肥的施用让欧洲生活水平迅速提高，并成为世界经济中心。鉴于化肥对人类文明的重大贡献，合成氨技术发明者 Fritz Haber (1918)和 Carl Bosch (1931)先后获得诺贝尔化学奖。

(一)化肥的特性和历史功绩

(1)化肥来自于自然界，供应效率高。氮肥主要原料来自于大气，其他化肥原料主要是矿产。氮肥生产与生物固氮机理相似，通过高温高压及催化剂，将大气中的惰性氮气变成作物可以利用的活性氮(铵盐、硝酸盐)。在一个 10 公顷土地上建立的合成氨厂每天可以生产 3 000 吨纯氮，一年能够满足千万亩农田维持亩产 400～500 千克的产量，比传统生物固氮效率提高约 100 万倍。化肥让农田从培肥一生产的长周期转变为连续生产的短周期，极大地提高了农田产出效率。

(2)化肥养分浓度高、肥劲大，降低了劳动强度。化肥中养分含量一般超过 40%，是传统有机肥的 10 倍以上。传统农业收集、堆沤、运输、施用有机肥需要许多人花费几个月的时间。化肥将农户从繁重的肥料收集、堆沤等劳动中解放了出来，极大地提高了农民的劳动生产效率。

(3)化肥肥效快，利于作物及时吸收。化肥中的养分主要是无机态的，不需要经过微生物转化分解，施入土壤后会迅速被作物根系吸收。例如化学氮肥施入土壤后一般3～15天就会完全释放，在植物生长旺盛阶段可以迅速满足作物需要。化肥还可以通过灌溉，甚至可以通过叶面喷施的方式施用，极大地提高了作物的养分吸收效率。

(4)化肥本身是无害的。化肥中养分含量高、杂质低。例如尿素中含有46%的氮素，氮是作物所需要的营养元素，其余的主要是CO_2，施用到土壤中后会再次释放回到大气中，是无害的。其他的磷肥、钾肥以及中微量元素都是从矿物中提取出来的，基本成分也都是无害的。

(二)化肥是吃饱、吃好、吃得健康的重要保障

联合国粮农组织(FAO)统计，20世纪60～80年代，发展中国家通过施肥提高粮食作物单产55%～57%，而化肥对于我国来说，意义更加重大。

(1)我国粮食产量的一半来自化肥。中华人民共和国成立前，我国一直采用传统农业生产方式，即利用作物秸秆、人畜粪尿、绿肥等方式培肥地力，粮食产量长期处于较低水平。中华人民共和国成立后至今的70余年间，我国小麦平均单产达到300～400千克，高产地区达到750千克。其中，化肥的施用发挥了关键作用。科学家研究证明，不施化肥和施用化肥的作物单产相差55%～65%。

(2)化肥显著提高了国人的营养水平。近年来，我国人均蔬菜水果供应量持续增长，在丰富食谱的同时，也提高了居民营养水平。水果和蔬菜增产主要是通过现代化的生产方式(大棚、灌溉、化肥、农药)提高了产出。肉制品、奶制品的增长来自饲料供应的增加，而饲料生产也依赖化肥的施用。化肥极大地丰富了农业生产系统中的养分供应，为生产更多人类所需的蛋白、能量、矿物质提供了基础。

(3)化肥提高了土壤肥力。耕地质量是粮食安全的基本保障。传统农业中耕地养分含量主要由成土矿物决定，绝大部分土壤出现了不同程度的养分缺乏。例如，我国土壤有效磷含量相对较低，通过施用磷肥，近 30 年来我国土壤有效磷含量上升到 23 毫克/千克。化肥施用还可以增加农作物生物量，提高地表覆盖度，减少水土流失。土壤本身也是一个碳汇，可以储存人类活动产生的温室气体，减轻工业化带来的负面影响。此外，通过施用化肥提高作物单产，为城市建设、交通、工业和商业发展提供了广阔的土地空间。

二、我国化肥施用现状和存在问题

(一)我国化肥施用现状

我国是化肥生产和使用大国。专家分析，我国耕地基础地力偏低，化肥施用对粮食增产的贡献较大，大约在 40%以上。当前，我国化肥施用存在四个方面问题：一是亩均施用量偏高。我国农作物亩均化肥用量 21.9 千克，远高于世界平均水平(每亩 8 千克)，是美国的 2.6 倍、欧盟的 2.5 倍。二是施肥不均衡现象突出。东部经济发达地区、长江下游地区和城市郊区施肥量偏高，蔬菜、果树等附加值较高的经济园艺作物过量施肥比较普遍。三是有机肥资源利用率低。目前，我国有机肥资源总养分 7 000 多万吨，实际利用不足 40%。其中，畜禽粪便养分还田率为 50%左右，农作物秸秆养分还田率为 35%左右。四是施肥结构不平衡。重化肥、轻有机肥，重大量元素肥料、轻中微量元素肥料，重氮肥、轻磷钾肥“三重三轻”问题突出。传统人工施肥方式仍然占主导地位，化肥撒施、表施现象比较普遍，机械施肥仅占主要农作物种植面积的 30%左右。

(二)我国化肥施用面临的形势

化肥施用不合理问题与我国粮食增产压力大、耕地基础地力低、耕地利用强度高、农户生产规模小等相关，也与肥料生产经营脱离农业需求、肥料品种结构不合理、施肥技术落后、肥料管理制度不健全等相关。过量施肥、盲目施肥不仅增加农业生产成本、浪费资源，也造成耕地板结、土壤酸化。实施化肥使用量零增长行动，是推进农业“转方式、调结构”的重大措施，也是促进节本增效、节能减排的现实需要，对保障国家粮食安全、农产品质量安全和农业生态安全具有十分重要的意义。

三、正确认识化肥利用中的有关问题

现在，化肥施用带来了一些问题，但大家对此存在很多误解，导致一些负面影响被过分放大。其实，把化肥比作食品大家就好理解。不合理饮食、营养过剩带来的高血压、高血脂、高血糖等一系列健康问题是食物摄入方式的问题，不是食物本身的问题。和饮食一样，化肥施用过量、养分搭配不合理、施用方式粗放等错误方式也会产生负面影响，但需要科学分析、正确认识、理性对待。

（一）化肥施用与面源污染的关系

目前水体污染已比较突出，但水体污染物有三大来源：农业面源污染物排放、工业企业及农村和城镇居民污水排放，以及与化石能源排放有关的大气干湿沉降。

（二）化肥施用与大气污染的关系

大气污染，尤其是雾霾已经对我们的生活产生了极大影响。一般而言，农业生产中施用的氮肥，如尿素、碳酸氢铵和磷酸二铵等铵态氮肥等进入土壤后若没有被作物吸收利用，部分氮素将以氨气和氮氧化物等活性氮形式排放到大气中，引起大气污染。如果采取深施覆土、分次施用、选用合理产品，这些损失是很小的。研究表明，目前氮肥对我国氮氧化物总排放的贡献约5%。随着施肥方式的转变，这一比例还将逐步降低。

（三）化肥施用与土壤质量的关系

近年来我国土壤健康问题引起了广泛的关注，农户直观感觉土壤板结了、污染了，就简单归结为化肥的作用。其实'土壤板结主要是大水漫灌、淹灌以及不合理耕作等造成的。合理使用化肥，尤其是与有机肥配施可以改善土壤结构。另外，化肥对土壤重金属污染的影响很小，化肥中仅磷酸铵会带入一定量的重金属，我国磷矿含镉量很低，按照目前施肥量(50 千克/亩，按平均含镉量 10 毫克/千克计)，每年带入土壤的镉仅为 0.5 克/亩，而工矿业开采和污水灌溉带入的镉数量远高于肥料。

（四）化肥施用与农产品品质的关系

农产品外观、营养及内含物成分、储藏性状与化肥施用有直接关系。老百姓常说"用了化肥瓜不香了、果不甜了"，是化肥施用不合理的结果。部分果农盲目追求大果和超高产，大量投入氮肥，忽视其他元素配合，导致果实很大、水分很多，而可溶性固形物、糖度反而跟不上，降低了风味。实际上，作物品质与养分吸收比例有关，化肥养分结构、施用方法合理，健康成长的瓜果，果更香、瓜更甜。

第二节　化肥科学施用

一、合理施用氮肥

合理施用氮肥应做到以下几点。

(1)基肥深施覆土是关键。根据氮肥易挥发损失的性质，在施用技术上就必须尽量抑制其不利的变化过程，深施就是最重要的技术措施，以抑制氨挥发、硝化及反硝化作用，最大限度地保蓄氮素(供给作物)，把损失降到最小。深施，一般要求将肥料施在距地面 6 厘米以下(枸杞20～30厘米、果树30厘米以下)。方法有：撒施后翻耕或旋耕(实为层施肥)、机播、顺犁沟溜施、开沟及挖坑施。基施、追施，原则上都应达到深施的要求。一般密植作物追肥不易做到深施，应优先选用尿素，撒施后灌水(或大雨)，以水带肥渗入土层；若用碳酸氢铵，肥效虽快，但损失大(随水渗入较少)，肥效持续时间短。

(2)应分次施用。氮肥因易淋失和发生氨损失，因此应分为基肥和不同次数的追肥施用。

(3)克服、避免肥料本身不利的个性特点。硝态氮肥，不宜用于稻田；含氯肥料，不宜施于对氯敏感的作物(前述)，不要用于透排水不良的土壤(尤其是盐碱地)，干旱区无灌溉农田不能长期大量施用；尿素做稻田基肥时，应在初灌前5～7天施入(即大量转化为铵氮后再灌水)。

土壤保存氮肥的能力较小，施入的氮肥损失较大，基本无后效。因此，在某种土壤某一作物上，在产量水平相对稳定的情况下，年年都需适量施入。

二、钾肥的合理施用技术

(1)深施。钾肥虽然活动性较好，可深施，可面施(撒施灌水)，但因表层土壤干湿变化大而频繁，会增加土壤对钾的层间固定，因而钾肥也应以深施为主。

(2)以基施为主。可全部做基肥(钾肥易被土壤保存)；也可基肥、追肥分次施用(流动性较好)。

(3)在沙性土上施用。强调应与有机肥混合施用，以减少流失。

(4)因土因作物施用。氯化钾不适宜在干旱(年降水少于700毫米)和无灌溉条件下及在盐渍土上施用。不适宜在对氯敏感作物上施用，如马铃薯。蔬菜、瓜果等也尽可能少施或不施。钾肥应优先施于喜钾作物，如豆科作物，薯类作物，甜菜、甘蔗等糖用作物，棉花、麻类等纤维作物，以及烟草、果树等都是需钾较多的作物。禾本科作物中以玉米对钾最为敏感，水稻中的杂交稻需钾也比较多。因此，钾肥应优先施于这些喜钾作物上，可以发挥钾肥的最大效益。钾肥应优先施于缺钾土壤，当速效钾含量小于120毫克/千克的壤质土，应增施钾肥；当速效钾含量为120～160毫克/千克的壤质土，酌情补施钾肥；当速效钾含量大于160毫克/千克的壤质土，可不施钾肥。沙质土大多是缺钾土壤，施用钾肥的效果十分明显。值得注意的是沙性土施钾时应控制用量，采取少量多次的方法，避免钾的流失。钾肥应优先施于高产田，一般来讲，中、低产田因产量水平不高，补钾问题并不突出。而高产田由于产量高，带走的钾素多，往往出现缺钾现象，在一定程度上成为作物高产的限制因素。因此，钾肥应优先施于高产田，可以充分发挥平衡施肥的作用。这是一项十分重要的增产措施。钾肥应优先施用于长期不施用农家肥的农田。农家肥钾素含量较高，长期不施用农家肥使得土壤中的钾素得不到补充，因此，往往土壤速效钾含量都较低。

三、氮、磷、钾肥料合理施用技术要点

（1）深施是关键。深施是有机肥、氮、磷、钾肥的一项最基本、最关键的技术。原因是：深施有利于有机肥腐解、减少氮肥的分解挥发损失、抑制硝化（进而反硝化）作用，减少淋失和还原氮气态损失；深施能够使难移动的磷肥接近植物根系；深施能够减少钾肥因施于表土受干湿交替作用导致的层间固定（失效）。

深施方法：撒肥后耕翻或重耙旋耕（实为全层施肥），机播（包括种肥），开沟及挖坑施。在地面追肥时，必须结合灌水或在大雨前进行，稻田追肥可先落干几天，再追肥灌水。地面追肥，一般仅限于氮肥，钾肥亦可，磷肥除水稻外在旱作上则很不应该。

尿素表施灌水追施比碳酸氢铵好。据试验，尿素渗入0～10厘米土层的占15%～20%，渗入10～30厘米的占80%。而碳酸氢铵

仅为尿素渗入量的14.3%～28.6%(即尿素渗入量是碳酸氢铵的3.5～7倍)。

碳酸氢铵表施灌水的损失：1天6.1%，3天12.5%；碳酸氢铵深施灌水的损失：深施3厘米，8天损失10.5%；6厘米，6天无损失。

(2)按照肥料的个性正确使用。有机肥一般只做基肥施用(便于施入土层，创建水、热、气、微生物腐解环境)。氮肥必需分次施用。因其易损失，应该分为基施与不同次数的追施。磷、钾肥可全部基施。因磷、钾肥不易损失或损失较少，一般作物追施又不易做到深施，因此可全部作为基肥施用。但如枸杞、果树等，追肥也采用挖沟、挖坑方式进行，分次施用当然更好(减少固定损失，钾肥还可减少淋失量)，硝态氮肥(包括含硝态氮的多元肥)不应施于稻田。尿素若做稻田基肥，应在初灌前5～7天施入(让其转化为铵态氮)。含氯肥料不宜施于盐碱地、排水不良的低洼地、干旱半干旱区土壤(年降水不足700毫米)；对氯敏感的作物，如烟草、薯类、枸杞、果树等，以及绿色蔬菜生产，不要施用。在灌区的谷类作物上施用，是完全可以的(尤其是水稻，氯化铵的效果往往高于其他氮肥)。

(3)化肥与有机肥配合施用。有机肥不仅养分齐全，能改良土壤，而且能够提高化肥利用率(特别是对磷肥)。

四、常用的二元肥料主要品种及施用技术

只含有一种大量营养元素(或氮，或磷，或钾)的肥料，称之为单质(单一)肥料，即分别称为氮肥、磷肥、钾肥。而含氮、磷、钾三大元素中的二或三种的肥料，即为多元肥料。

多元肥料按其制造方法，可将多元肥料称之为复混肥料，复混肥料是复合肥料和混合肥料的统称，是由化学方法或物理方法加工制成的。通常有复合肥料、混合肥料和掺混肥料(BB肥)。复合肥料是直接通过化合作用或混合氨化造粒过程制成的肥料。有二元复合

肥和三元复合肥。

(1)常用的氮磷二元复合肥。主要有磷酸二铵、硝酸磷肥及部分磷酸一铵。这类肥料有固定的分子式，养分含量稳定。

①磷酸二铵：分子式为$(NH_4)_2HPO_4$，总养分为62%～75%，其中，含氮(N)16%～21%、五氧化二磷(P_2O_5)46%～54%。白色单斜晶体，水溶液呈微碱性，pH值7.8～8.0。易溶解，在10℃时，每100毫升水中可溶解63克。一般情况下，磷酸二铵比较稳定，只有在湿、热条件下可引起氨的部分挥发。它是以磷为主的氮磷复合肥，其中氮为铵态氮、90%以上的磷为负二价水溶磷。磷酸二铵可做基肥、种肥和追肥，亩施量一般为10～15千克。但如前所述，都应做到深施。不要与碱性肥料如碳酸氢铵、草木灰混合施用。做种肥时，除小麦与种子掺混同播外，其他情况均不能与种子接触。与小麦掺播，实际是以牺牲部分种子为代价、换得(出苗)壮苗的效果。据试验，小麦套玉米情况下，亩用磷酸二铵10千克做种肥，小麦出苗率从(不用种肥)94%下降到70%；磷酸二铵减少到5千克，则出苗率提高到84%。

②磷酸一铵：分子式为$NH_4H_2PO_4$，养分总量在57%～66%。其中，含氮量9%～13%、含磷量48%～53%。白色四面体结晶，水溶液呈微酸性，pH值4.0～4.4。性质稳定，氨不易挥发。溶解常随温度的增高而加大，在10℃时，每100毫升水中可溶解29克，而当水温达100℃时，可溶解173克。磷酸一铵是以磷为主的氮磷复合肥，其中氮为铵态氮、85%以上的磷为负一价水溶磷，其性质优于磷酸二铵，只是其中的氮素含量要少一半。从磷的形态(负一价)和酸性看，在石灰性土壤上施用，效果好于磷酸二铵，这在宁夏和河南等地均有试验证实。磷酸一铵的施用方法、用量和注意事项与磷酸二铵一样。

③硝酸磷肥：硝酸磷肥是用硝酸分解磷矿粉，经氨化而制成的氮磷二元复合肥料，其优点是既节省硫酸，又能提供氮素养分。硝

酸磷肥的养分含量因制造方法有较大差异，其中，冷冻法制造的硝酸磷肥含氮磷养分比为20:20；碳化法硝酸磷肥含 N 18%～19%，P_2O_5 12%～13%；而混酸法硝酸磷肥含 N 12%～14%，P_2O_5 12%～14%。施用的硝酸磷肥，含氮 26%、P_2O_5 13%，是以氮为主的氮磷复合肥。硝酸磷肥中既含硝态氮，又含铵态氮。硝酸磷肥作用快，使用方便。从性质看，因含硝态氮不适宜稻田施用；因不完全是水溶性磷，磷的效果可能不如普钙或重钙。故硝酸磷肥适宜在旱作物上施用，可做基肥、种肥和追肥。施用量一般因土壤肥力水平和产量高低而定。土壤肥沃、产量高的地块一般每亩基施30～40千克，低产田可适当减少用量，亩基施10～20千克。做种肥时每亩施用5～7千克为宜，注意不能与种子接触，以免烧苗。

(2)施用的氮钾二元复合肥。主要有硝酸钾，分子式为 KNO_3，总有效养分含量为 57%～61%，其中，含氮 12%～15%、K_2O 45%～46%。为斜方或菱形白色结晶。吸湿性小，不易结块。硝酸钾是制造火药的原料，在贮运过程中避免与易燃有机物如木炭等接触，防高温、防燃烧、防爆炸。硝酸钾适用于喜钾作物，如烟草、薯类、甜菜、西甜瓜等。因含硝态氮，可做旱地追肥，不宜在稻田施用。一般每亩用量10～15千克。硝酸钾是对氯敏感作物的理想钾源，也是配制专用肥的理想原料。用硝酸钾配制的专用肥其吸湿性明显比用氯化钾低。

施用的磷钾二元复合肥主要有磷酸二氢钾，分子式为 KH_2PO_4，是一种高浓度的磷钾复合肥，总有效养分 87%，其中，含磷 52%、钾 35%。纯净的磷酸二氢钾为灰白色粉末状，易溶于水，吸湿性小，水溶液呈酸性，pH 值3.0～4.0。磷酸二氢钾可做基肥、种肥、追肥。但由于价格高，一般只用于浸种或喷施。浸种用 0.2%水溶液浸24 小时左右，阴干播种；喷施用 0.1%～0.2%水溶液，每亩喷施50～75克。

五、固氮菌肥的施用

固氮菌肥料是含有大量好气性自生固氮的微生物肥料。自生固氮菌不与高等植物共生，没有寄主选择而是独立生存于土壤中，利用土壤中的有机质或根系分泌的有机物作碳源来固定空气中的氮素或直接利用土壤中的无机氮化合物。固氮菌在土壤中分布很广，其分布主要受土壤中的有机质含量、酸碱度、土壤湿度、土壤熟化程度及速效磷、钾、钙含量的影响。

(1)固氮菌对土壤酸碱度反应敏感，其最适宜 pH 值为7.4～7.6，酸性土壤上施用固氮菌肥时，应配合施用石灰以提高固氮效率。过酸、过碱的肥料或有杀菌作用的农药，都不宜与固氮菌肥混施以免发生强烈的抑制。

(2)固氮菌对土壤湿度要求较高，当土壤湿度为田间最大持水量的25%～40%时才开始生长，60%～70%时生长最好，因此，施用固氮菌肥时要注意土壤水分条件。

(3)固氮菌是中温性细菌，最适宜的生长温度为25～30℃，低于10℃或高于40℃时，生长就会受到抑制。因此，固氮菌肥要保存于阴凉处，并要保持一定的湿度，严防曝晒。

(4)固氮菌只有在碳水化合物丰富而又缺少化合态氮的环境中，才能充分发挥固氮作用。土壤中碳氮比低于(40～70)∶1时，固氮作用迅速停止。土壤中适宜的碳氮比是固氮菌发展成优势菌种、固定氮素最重要的条件。因此，固氮菌最好施在富含有机质的土壤中，或与有机肥料配合施用。

(5)土壤中施用大量氮肥后，应隔10天左右再施固氮菌肥，否则会降低固氮能力。固氮菌剂与磷、钾及微量元素肥料配合施用，则能促进固氮菌的活性，特别是在贫瘠的土壤上。

(6)固氮菌肥适用于各种作物。特别是对禾本科作物和蔬菜中的叶菜类效果明显。固氮菌肥一般用作拌种。随拌随播，随即覆土，以避免阳光直射，也可蘸秧根或作基肥施在蔬菜苗床上，或追施于作物根部，或结合灌溉追施。

六、磷细菌肥料的施用

磷细菌肥料是能强烈分解有机或无机磷的微生物制品，其中含有能转化土壤中难溶性磷酸盐的磷细菌。磷细菌有两种：一种是有机磷细菌，在相应酶的参与下，能使土壤中的有机磷水解转变为作物可利用的形态；另一种是无机磷细菌，它能利用生命活动产生的二氧化碳及各种有机酸，将土壤中一些难溶的矿质态磷酸盐溶解成为作物可以利用的速效磷。磷细菌在生命活动中除具有解磷的作用外，还有促进固氮菌和硝化细菌的活动，分泌异生长素、类赤霉素、维生素等刺激物质，刺激种子发芽和作物生长的作用。

磷细菌肥料适用于各种作物，要求及早集中施用。一般做种肥，也可做基肥和追肥。做种肥时要随拌随播，播后覆土。移栽作物时则宜采用蘸秧根的办法。作基肥时可与有机肥拌匀后条施或穴施或是在堆肥时接入解磷微生物，充分发挥其分解作用，然后将堆肥翻入土壤，这样施用的效果比单施好。磷细菌肥料不能直接与碱性、酸性或生理酸性肥料及农药混施，且在保存或使用过程中避免日晒，以保证活菌数量。磷细菌属好气性细菌，在通气良好，水分适当、温度25～35℃、pH 值为6.0～8.0时生长最好，有利于提高磷的有效性。

七、钾细菌肥料的施用

钾细菌肥料又称生物钾肥、硅酸盐菌剂，是由人工选育的高效硅酸盐细菌，经过工业发酵而成的一种生物肥料。该菌剂除了能强烈分解土壤中硅酸盐类的钾外，还能分解土壤中难溶性的磷。不仅可以改善作物的营养条件，还能提高作物对养分的利用能力。试验证明，施用钾细菌，对作物具有增产作用。

钾细菌肥料可用做基肥、追肥、拌种或蘸秧根。但在施用时应注意以下几个方面的问题。

(1)做基肥时，钾细菌肥料最好与有机肥配合施用。因为硅酸盐细菌的生长繁殖同样需要养分，有机质贫乏时不利于其生命的进行。

(2)紫外线对菌剂有破坏作用。因此，在储藏、运输、使用时避免阳光直射，拌种时应在避光处进行，待稍晾干后(不能晒)，立即播种、覆土。

(3)钾细菌肥料可与杀虫、杀真菌病害的农药同时配合施用(先拌农药，阴干后拌菌剂)，但不能与杀细菌农药接触，苗期细菌病害严重的作物(如棉花)，菌剂最好采用底施，以免耽误药剂拌种。

(4)钾肥细菌适宜生长的 pH 值为5.0～8.0，因此，钾细菌肥料一般不能与过酸或过碱的物质混用。

(5)在速效钾严重缺乏的土壤上，单靠钾细菌肥料往往不能满足需要，特别是在早春或入冬前低温情况下(钾细菌的适宜生长温度为25～30℃)，其活力会受到抑制而影响其前期供钾。因此，应考虑配施适量化学钾肥，使二者效能互补。但钾细菌肥料与化学钾肥之间存在着明显的拮抗作用，二者不宜直接混用。

(6)由于钾细菌肥料施入土壤后释放速效钾需要一个过程，为保证有充足时间提高解钾、解磷效果，必须注意早施。

八、抗生菌肥料的施用

抗生菌肥料是指用能分泌抗生素和刺激素的微生物制成的肥料。其菌种通常是放线菌，我国应用多年的“5406”即属此类。其中的抗生素能抑制某些病菌的繁殖，对作物生长有独特的防病保苗作用；而刺激素则能促进作物生根、发芽和早熟。“5406”抗生菌还能转化土壤中作物不能吸收利用的氮、磷养分，提高作物对养分的吸收能力。

“5406”抗生菌肥可用作拌种、浸种、蘸根、浸根、穴施、追施等。施用中要注意的几个问题。

(1)掌握集中施、浅施的原则。

(2)“5406”抗生菌是好气性放线菌，良好的通气条件有利于其大量繁殖，因此，使用该肥时，土壤中的水分既不能缺少，又不可过多，控制水分是发挥“5406”抗生菌肥效的重要条件。

(3)抗生菌适宜的土壤 pH 值为 6．5～8．5，酸性土壤施用时应配合施用钙镁磷肥或石灰，以调节土壤酸度。

第三节　新型肥料科学施用技术

新型肥料有别于传统的、常规的肥料，表现在功能拓展或功效提高、肥料形态更新、新型材料的应用、肥料运用方式的转变或更新等方面，能够直接或间接地为作物提供必需的营养成分；调节土壤酸碱度、改良土壤结构、改善土壤理化性质、生物化学性质；调节或改善作物的生长机制；改善肥料品质和性质或提高肥料的利用率。赵秉强等将新型肥料类型归纳为：缓/控释肥料、稳定性肥料、水溶性肥料、功能性肥料、商品化有机肥料、微生物肥料、增值尿素和有机无机复混肥料 8 个类型。

一、缓/控释肥料科学施用技术

缓/控释肥料是具有延缓养分释放性能的一类肥料的总称，在概念上可进一步分为缓释肥料和控释肥料，通常是指通过某种技术手段将肥料养分速效性与缓效性相结合，其养分的释放模式(释放时间和释放率)是以实现或更接近作物的养分需求规律为目的，具有较高养分利用率的肥料。

(一)缓/控释肥料的类型

缓/控释肥料主要有：聚合物包膜肥料、硫包衣肥料、包裹型肥料等。

(1)聚合物包膜肥料。聚合包膜肥料是指肥料颗粒表面包裹了高分子膜层肥料。通常有两种制备工艺方法：一是喷雾相转化工艺，即将高分子材料制备成包膜剂后，用喷嘴涂布到肥料颗粒表面形成包裹层的工艺方法；二是反应成膜工艺，即将反应单体直接涂布到肥料颗粒表面，直接反应形成高分子聚合物膜层的工艺方法。

(2)硫包衣肥料。硫包衣肥料是指在传统肥料颗粒外表面包裹一层或多层阻滞肥料养分扩散的膜，来减缓或控制肥料养分的溶出速率。硫包衣尿素是最早产业化应用的硫包衣肥料。硫包衣尿素是使用硫黄为主要包裹材料对颗粒尿素进行包裹，实现对氮素缓慢释放的缓/控释肥料，一般含氮30%～40%、含硫10%～30%。生产方法有TVA法、改良TVA法等。

(3)包裹型肥料。包裹型肥料是一种或多种植物营养物质包裹另一种植物营养物质而形成的植物营养复合体，为区别聚合包膜肥料，包裹型肥料特指以无机材料为包裹层的缓释肥料产品，包裹层的物料所占比例达50%以上。包裹肥料的化工行业标准HG/T4217－2011,《无机包裹型复混肥料(复合肥料)》已颁布实施。

(二)缓/控释肥料的特点

缓/控释肥料最大的特点是能使养分释放与作物吸收同步，简化施肥技术，实现一次施肥能满足作物整个生长期的需要，减少肥料损失，提高肥料利用率。

(1)缓/控释肥料的优点主要有以下两点。

①缓/控释肥料相对于速效化肥具有以下优点：在水中的溶解度小，养分元素在土壤中释放缓慢，减少了营养元素的损失；肥效长期、稳定，能源源不断地供给作物，满足整个生长期对养分的需求；由于缓/控释肥料养分释放缓慢，一次大量施用不会导致土壤盐分过高而“烧苗”；减少了肥料施用的数量和次数，节约成本。

②缓/控释肥料是农业部重点推广的肥料之一，是农业增产的“第三次革命”。相对于常规肥料具有以下特点：肥料利用率高，可

达50%以上；养分释放平稳有规律，增产效果明显，增产率10%以上；大多数作物可实现一季只施一次肥，省时省力减少浪费；包膜材料采用多硫化合物，可以杀菌驱虫；长期使用可以改善土壤性状，蓄水保墒、通气保肥。

(2)缓/控释肥料的缺点。主要表现在：一是由于所用包膜材料或生产工艺复杂，致使缓/控释肥料价格高于常规肥料的2～5倍，似乎只能用于经济价值高的花卉、蔬菜、草坪等生产中；二是多数包膜材料在土壤中残留，造成二次污染。

（三）缓/控释肥料的施用

(1)肥料种类的选择。目前缓/控释肥料根据不同控释时期和不同养分含量有多个种类，不同控释时期主要对应于作物生育期长短，不同养分含量主要对应于不同作物的需肥量，因此，施肥过程中一定要针对性地选择施用。

(2)施用时期。缓/控释肥料一定要作基肥或前期追肥，即在作物播种或移栽前、作物幼苗生长期施用。

(3)施用量。建议单位面积缓/控释肥料的用量按照往年作物施用量的80%进行施用。需要注意的是，应根据不同目标产量和土壤条件相应地适当增减，同时还要注意氮、磷、钾适当配合和后期是否有脱肥现象发生。

(4)施用方法。施用缓/控释肥料要做到种肥隔离，沟(条)施覆土。种子与肥料间隔距离：农作物、蔬菜一般在7～10厘米，果树一般在15～20厘米。施入深度：农作物、蔬菜一般在10厘米，果树一般在30～50厘米。

二、尿素改性类肥料科学施用技术

尿素是一种高浓度氮肥，属于中性肥料，可用于生产多种复合肥料。目前我国尿素颗粒度占95%以上的是0.8～2.5毫米小颗粒，有强度低、易结块和破碎粉化等弊病；同时小颗粒尿素无法进一步加工成掺混肥料、包裹肥料、缓释或长效肥料等以提高肥料利用率。而生产大颗粒尿素，势必要大幅度增加造粒塔高度和塔径，也不现实。因此，需要对尿素进行改性，形成多种尿素改性类肥料，以提高肥料资源利用率。

（一）尿素改性类肥料类型

对传统肥料进行再加工，使其营养功能得到提高或使之具有新的特性和功能，是尿素一类改性肥料的重要内容。对传统化学肥料（如尿素）进行增效改性的主要技术途径有以下三类。

(1)缓释法增效改性。通过发展缓释肥料，调控肥料养分在土壤中的释放过程，最大限度地使土壤的供肥性与作物需肥规律一致，从而提高肥料利用率。缓释法增效改性的肥料产品通常称作缓释肥料，一般包括包膜缓释和合成微溶态缓释，包膜缓释主要有硫包衣和树脂包衣，合成微溶态缓释主要有脲甲醛类型。

(2)稳定法增效改性。通过添加脲酶抑制剂或/和硝化抑制剂，以降低土壤脲酶和硝化细菌活性，减缓尿素在土壤中的转化速度，从而减少挥发、淋洗等损失，提高氮肥利用率。

(3)增效剂法增效改性。指在肥料生产过程中加入海藻酸类、腐殖酸类、氨基酸类等天然活性物质所生产的肥料改性增效产品。海藻酸类、腐殖酸类、氨基酸类等增效剂都是天然物质或是植物源的，可以提高肥料利用率，且环保安全。通过向肥料中添加生物活性物质类肥料增效剂所生产的改性增效产品，通常称为增值肥料。近几年，海藻酸尿素、锌腐酸尿素、SOD 尿素、聚能网尿素等增值尿素发展速度很快，年产量超过 300 万吨，累积推广面积 1.5 亿亩，增产粮食 45 亿千克，减少尿素损失超过 60 万吨。

据全国各地试验证明，改性尿素具有广阔的应用推广前景，其社会效益和经济效益十分明显。在社会效益上，使用 1 吨改性尿素添加剂，可减少施用尿素 100 吨，减少 30 吨二氧化碳排放；减少了尿素施用量，可大幅降低叶菜类硝酸盐和亚硝酸盐含量，大幅降低农药残留，改善作物营养品质。在经济效益上，可减少尿素施用量的40%～50%，减少运输、撒施、人工等费用；一般可增产10%以上；产品卖相好，提高了商品销售率。

（二）脲醛类肥料科学施用

脲醛类肥料是由尿素和醛类在一定条件下反应制成的有机微溶性缓释性氮肥。

(1)脲醛类肥料种类和标准。目前主要有脲甲醛、异丁叉二脲、丁烯叉二脲、脲醛缓释复合肥等，其中最具代表性的产品是脲甲醛。脲甲醛不是单一化合物，是由链长与分子量不同的甲基尿素混合而成的，主要有未反应的少量尿素、羟甲基脲、亚甲基二脲、二亚甲基三脲、三亚甲基四脲、四亚甲基五脲、五亚甲基六脲等缩合物所组成的混合物，其全氮(N)含量大约为38%。有固体粉状、片状或粒状，也可以是液体形态。脲甲醛肥料的各成分标准为：总氮(TN)≥36.0%，尿素氮(UN)≤5.0%，冷水不溶性氮(CWIN)≥14.0%，热水不溶性氮(HWIN)≤16.0%，缓效有机氮≥8.0%，活性指数≥40.0%，水分≤3.0%。

脲醛缓释复合肥是以脲醛树脂为核心原料的新型复合肥料。该肥料在不同温度下分解速度不同，满足作物不同生长期的养分需求，养分利用率高达50%以上，肥效是同含量普通复合肥的1.6倍以上；该肥料无外包膜、无残留，养分释放完全，减轻养分流失和对土壤水源的污染。

(2)脲醛类肥料的特点。脲醛类肥料的特点主要表现在：一是可控。根据作物的需肥规律，通过调节添加剂多少的方式可以任意设计并生产不同释放期的缓释肥料。二是高效。养分可根据作物的需求释放，需求多少释放多少，大大减少养分的损失，提高肥料的利用率。三是环保。养分向环境散失少，同时包壳可完全生物降解，对环境友好。四是安全。较低盐分指数，不会烧苗伤根。五是经济。可一次施用，整个生育期均发挥肥效，同时较常规施肥可减少用量，化肥减施、节约劳动力。

(3)脲醛肥料的选择和施用。脲醛类肥料只适合作基肥施用，除了草坪和园林外，如果在水稻、小麦、棉花等大田作物施用时，应适当配合速效水溶性氮肥。

(三)稳定性肥料的科学施用

稳定性肥料是指在生产过程中加入了脲酶抑制剂和(或)硝化抑制剂，施入土壤后能通过脲酶抑制剂抑制尿素的水解和(或)通过硝化抑制剂抑制铵态氮的硝化，使肥效期得到延长的一类含氮(含酰胺态氮/铵态氮)肥料，包括含氮的二元或三元肥料和单质氮肥。

(1)稳定性肥料主要类型。包括含硝化抑制剂和脲酶抑制剂的缓释产品，如添加双氰胺、3，4-二甲基吡唑磷酸盐、正丁基硫代磷酰三胺、氢醌等抑制剂的稳定肥料。

(2)稳定性肥料的特点。稳定性肥料采用了尿素控释技术，可以使氮肥有效期延长到60～90天，有效时间长；稳定性肥料有效抑制了氮素的硝化作用，可以提高氮肥利用率10%～20%，40千克稳定性控释型尿素相当于50千克普通尿素。

(3)稳定性肥料的施用。可以作基肥和追肥，施肥深度7～10厘米．种肥隔离7～10厘米。作基肥时．将总施肥量折纯氮的50%施用稳定性肥料，另外50%施用普通尿素。

稳定性肥料施用时应注意：由于稳定性肥料速效性慢，持久性好，需要较普通肥料提前3～5天；稳定性肥料的肥效可达到60～90天，常见蔬菜、大田作物一季施用一次就可以，注意配合施用有机肥，效果理想；如果是作物生长前期，以长势为主的话，需要补充普通氮肥；各地的土壤墒情、气候、土壤质地不同，需要根据作物生长状况进行肥料补充。

(四)增值尿素的科学施用

增值尿素是指在基本不改变尿素生产工艺基础上，增加简单设备，向尿素液体中直接添加生物活性类增效剂所生产的尿素增值产品。增效剂主要是指利用海藻酸、腐殖酸和氨基酸等天然物质经改性获得的、可以提高尿素利用率的物质。

（1）增值尿素的产品要求。增值尿素产品具有产能高、成本低、效果好的特点。增值尿素产品应符合以下原则：含氮（N）量不低于46%，符合尿素产品含氮量的国家标准；可建立添加增效剂的增值尿素质量标准，具有常规的可检测性；增效剂微量高效，添加量为0.05%～0.5%；工艺简单，成本低；增效剂为天然物质及其提取物或合成物，对环境、作物和人体无害。

（2）增值尿素的主要类型。目前，市场上的增值尿素主要产品有以下几种。

①木质素包膜尿素。木质素是一种含有许多负电基团的多环高分子有机物，对土壤中的高价金属离子有较强的亲和力。木质素比表面积大、质轻，作为载体与氮、磷、钾、微量元素混合，养分利用率可达80%以上，肥效可持续20周之久；无毒，能降解，能被微生物降解成腐殖酸，可以改善土壤理化性质，提高土壤通透性，防止板结；在改善肥料的水溶性、降低土壤中脲酶活性以及减少有效成分被土壤组分固持、提高磷的活性等方面有明显效果。

②腐殖酸尿素。腐殖酸与尿素通过科学工艺进行有效复合，可以使尿素养分具有缓释性，并通过改变尿素在土壤中的转化过程和减少氮素的损失，改善养分的供应，从而提高氮肥利用率。如锌腐酸尿素，添加锌腐酸增效剂为每吨尿素10～50千克，颜色为棕色至黑色，腐殖酸含量≥0.15%，腐殖酸沉淀率≤40%，含氮量≥46%。

③海藻酸尿素。在尿素常规生产工艺过程中，添加海藻酸增效剂（含有海藻酸、吲哚乙酸、赤霉素、萘乙酸等）生产的增值尿素，可促进作物根系生长，提高根系活力，增强作物吸收养分能力；可抑制土壤脲酶活性，降低尿素的氨挥发损失；发酵海藻增效剂中的物质与尿素发生反应，通过氢键等作用力延缓尿素在土壤中的释放

和转化过程；海藻酸尿素还可以起到抗旱、抗盐碱、耐寒、杀菌和提高产品品质等作用。海藻酸尿素，添加海藻酸增效剂为每吨尿素10～30千克，颜色为浅黄色至浅棕色，海藻酸含量≥0.03%，含氮量≥46%，尿素残留差异率≥10%，氨挥发抑制率≥10%。

④禾谷素尿素。在尿素常规生产工艺过程中，添加禾谷素增效剂(以天然谷氨酸为主要原料经聚合反应而生成的)生产的增值尿素，其中谷氨酸是植物体内多种氨基酸合成的前体，在作物生长过程中起着至关重要作用；谷氨酸在植物体内形成的谷氨酰胺，储存氮素并能消除因氨浓度过高产生的毒害作用。因此，禾谷素尿素可促进作物生长，改善氮素在作物体内的储存形态，降低氨对作物的危害，提高养分利用率，可补充土壤的微量元素。禾谷素尿素，添加禾谷素增效剂为每吨尿素10～30千克，颜色为白色至浅黄色，含氮量≥46%，谷氨酸含量≥0.08%，氨挥发抑制率≥10%。

⑤纳米尿素。在尿素常规生产工艺过程中，添加纳米碳生产的增值尿素，纳米碳进入土壤后能溶于水，使土壤的EC值增加30%，可直接形成HCO_3^-，以质流的形式进入根系，进而随着水分的快速吸收，携带大量的氮、磷、钾等养分进入植物合成叶绿体和线粒体，并快速转化为生物能淀粉粒，因此纳米碳起到生物泵作用，增加作物根系吸收养分和水分的潜能。每吨纳米尿素成本增加200～300元，在高产条件下可化肥减施30%左右，每亩综合成本下降20%～25%。

⑥多肽尿素。在尿素溶液中加入金属蛋白酶，经蒸发器浓缩造粒而成。酶是生物发育成长不可缺少的催化剂，因为生物体进行新陈代谢的所有化学反应，几乎都是在生物催化剂酶的作用下完成的。多肽是涉及生物体内各种细胞功能的生物活性物质。肽键是氨基酸在蛋白质分子中的主要连接方式，肽键金属离子化合而成的金属蛋白酶具有很强的生物活性，鲜明地体现了生物的识别、催化、调节等功能，可激化化肥，促进化肥分子活跃。金属蛋白酶可以被植物

直接吸收，因此可节省植物在转化微量元素中所需要的“体能”，大大促进植物生长发育。经试验，施用多肽尿素，作物一般可提前5～15天成熟(玉米提前5天左右，棉花提前7～10天，番茄提前10～15天)，且可以提高化肥利用率和农作物品质等。

⑦微量元素增值尿素。指在熔融的尿素中添加2%的硼砂和硫酸铜的大颗粒尿素。试验表明，含有硼、铜的尿素可以减少尿素中氮损失，既能使尿素增效，又能使作物得到硼、铜等微量元素营养，提高产量。硼、铜等微量元素能使尿素增效的机理是：硼砂和硫酸铜有抑制脲酶的作用及抑制硝化和反硝化细菌的作用，从而提高尿素中氮的利用率。

(3)增值尿素的施用。理论上，增值尿素可以和普通尿素一样，应用在所有适合施用尿素的作物上，但是不同的增值尿素其施用时期、施用量、施用方法等是不一样的，施用时需注意以下事项。

①施用时期。木质素包膜尿素不能和普通尿素一样，只能作基肥一次性施用。其他增值尿素可以和普通尿素一样，既可以作基肥，也可以作追肥。

②施肥量。增值尿素可以提高氮肥利用率10%～20%，因此，施用量可比普通尿素减少10%～20%。

③施肥方法。增值尿素不能像普通尿素那样表面撒施，应当采取沟施、穴施等方法，并应适当配合有机肥、普通尿素、磷钾肥及中微量元素肥料施用。增值尿素也不适合做叶面肥施用，不适合作冲施肥、滴灌或喷灌水肥一体化施用。

三、水溶性肥料科学施用技术

水溶性肥料是指经水溶解或稀释，用于灌溉施肥、叶面施肥、无土栽培、浸种蘸根等用途的液体或固体肥料。养分含量多用N－P_2O_5－K_2O＋TE来表示，如20－20－20＋TE表示这个水溶性肥料中总氮量为20%、五氧化二磷为20%、氧化钾为20%，并含有微量元素。

(一)水溶性肥料的类型

水溶性肥料类型多种多样，广义上包括农标水溶肥料和部分传统的化学肥料。农标水溶肥料是指农业部行业标准规定的水溶性肥料产品；传统的化学肥料具有水溶性特点的有硫酸铵、尿素、硝酸铵、磷酸铵、氯化钾、硫酸钾、硝酸钾、氯化铵、碳酸氢铵、磷酸二氢钾，可溶性的具有国家标准的单一微量元素肥料，以及其他配方的水溶性肥料产品和改变剂型的单质微量元素水溶肥料等。狭义上主要是指农标水溶肥料。

(二)水溶性肥料的特点

水溶性肥料的最大特点是完全溶解于水，是一种速效性肥料。

(1)全营养、全水溶、易吸收。与传统的肥料品种相比，水溶性肥料具有明显的优势。它是一种可以完全溶于水的多元复合肥料，能迅速地溶解于水中，容易被作物吸收，吸收利用率相对较高，关键是它可以实现水肥一体化，应用于喷灌、滴灌等设施农业，达到省水省肥省工的效能。

(2)节水化肥减施、安全高效。其主要特点是使用方便，用量少，节水化肥减施，成本低，吸收快，营养成分利用率极高。由于水溶性肥料的施用方法是随水灌溉，所以使得施肥极为均匀，这也为提高产量和品质奠定了坚实的基础。人们可以根据作物生长所需要的营养需求特点来设计配方。科学的配方不会造成肥料的浪费，计算其肥料利用率差不多是常规复合化学肥料的 2～3 倍。

(3)速效可控、方便配方施肥。水溶性肥料是一个速效肥料，可以让种植者较快地看到肥料的效果和表现，并可以根据作物不同长势和生长期对肥料配方做出调整。

由于水溶肥料配方灵活，能够满足现代施肥技术的“四适”的要求，即适土壤、适作物、适时、适量。根据土壤肥力水平、养分含量的多寡，根据作物不同生长时期需肥特性，及时补充作物缺少的养分，结合先进的灌水设施可以实现少量多次定量施肥，施肥方便，不受作物生育期的影响。

(4)施用便捷、省时省工。水溶性肥料的施用方法十分简便，它可以随着灌溉水包括喷灌、滴灌等方式进行灌溉时施肥，节水化肥减施的同时还节约了劳动力，在劳动力成本日益高涨的今天，使用水溶性肥料的效益是显而易见的。

(三)水溶性肥料的安全施用

水溶性肥料不但配方多样而且使用方法十分灵活，一般有三种：

(1)土壤浇灌。在土壤浇水或者灌溉的时候，将水溶性肥料先行混合在灌溉水中，这样可以让植物根部全面地接触到肥料，通过根的呼吸作用把化学营养元素运输到植株的各个组织中。

(2)叶面施肥或浸种。把水溶性肥料先行稀释溶解于水中进行叶面喷施，或者与非碱性农药一起溶于水中进行叶面喷施，通过叶面气孔进入植株内部。对于一些幼嫩的植物或者根系不太好的作物出现缺素症状时是一个最佳纠正缺素症的选择，极大地提高了肥料吸收利用效率。浸种时一般用水稀释100倍，浸种6～8小时，沥水晾干后即可播种。叶面喷施应注意以下几点：

①喷施浓度。喷施浓度以既不伤害作物叶面，又可节省肥料、提高功效为目标。一般可参考肥料包装上推荐浓度。一般每亩喷施40～50千克溶液。

②喷施时期。喷施时期多数在苗期、花蕾期和生长盛期。溶液湿润叶面时间要求能维持0.5～1小时，一般选择傍晚无风时进行喷施较宜。

③喷施部位。应重点喷洒上、中部叶片，尤其是多喷洒叶片反面。若为果树，则应重点喷洒新梢和上部叶片。

④增添助剂。为提高肥液在叶片上的黏附力，延长肥液湿润叶片时间，可在肥料溶液中加入助剂(如中性洗衣粉、肥皂粉等)，提

高肥料利用率。

⑤混合喷施。为提高喷施效果，可将多种水溶性肥料混合或肥料与农药混合喷施，但应注意营养元素之间的关系、肥料与农药之间是否有害。

(3)滴灌和无土栽培。在一些沙漠地区或者极度缺水的地方，人们往往用滴灌和无土栽培技术来节约灌溉水并提高劳动生产效率。这时植物所需要的营养可以通过水溶性肥料来获得，既节约了用水，又节省了劳动力。

四、功能性肥料科学施用技术

功能性肥料是指除了肥料具有植物营养和培肥土壤的功能以外的特殊功能的肥料。只有符合以下四个要素，我们才能把它称作为功能性肥料：第一，本身是能直接提供植物营养所必需的营养元素或者是培肥土壤；第二，必须具有一个特定的对象；第三，不能含有法律、法规不允许添加的物质成分；第四，不能以加强或是改善肥效为主要功能。

(一)功能性肥料主要类型

功能性肥料是21世纪新型肥料的重要研究、发展方向之一，是将作物营养与其他限制作物高产的因素相结合的肥料，可以提高肥料利用率，提高单位肥料对农作物增产的效率。功能性肥料主要包括：高利用率肥料、改善水分利用率肥料、改善土壤结构的肥料、适应于优良品种特性的肥料、改善作物抗倒伏特性的肥料、具有防治杂草的肥料，以及具有抗病虫害的功能肥料等。

(1)高利用率肥料。该功能性肥料是以提高肥料利用率为目的，在不增加肥料施用总量的基础上，提高肥料的利用率，减少肥料的流失，降低环境污染，增加产量。如底施功能性肥料，在底施(基施、冲施)肥料中添加植物生长调节剂，如复硝酚钠、DA-6、α-萘乙酸钠、芸薹素内酯、缩节胺等，可以提高植物对肥料的吸收和利用，提高肥料的利用率，提高肥料的速效性和高效性；叶面喷施功能性肥料有缓/控释肥料，如微胶囊叶面肥料、高展着润湿肥料，均可以提高肥料的利用率。

(2)改善水分利用率肥料。即以提高水分利用率解决一些地区干旱问题的肥料。随着保水剂研究的不断发展，人们开始关注保水型功能肥料。如华南农业大学率先开展了保水型控释肥料的研究，利用高吸水树脂与肥料混合施用，制成保水型肥料，并在我国西部、北部开展试验，取得了良好的效果。

(3)改善土壤结构的肥料。粮食生产的任务加大和化学肥料的不合理使用，导致土壤结构严重破坏，有机质不断下降，严重影响土壤的再生能力。为此，在最近十年，土壤结构改良、保护土壤结构成为我国农业可持续发展的一项重大课题。随之产生了改善土壤结构的功能性肥料。如在肥料中增加表面活性物质，使土壤变得松散透气，增加微生物群也属于功能肥料的一个类型，如最近两年市场上流行的"免耕"肥料就是其中一例。

(4)适应优良品种特性的肥料。优良品种的使用提高了农产品的质量和产量，但也存在一些问题，需要有与之配套的专用肥料和相关的农业技术。如转基因抗虫棉在我国已大面积推广应用，但抗虫棉苗期的根系欠发达、抗病能力差，导致育苗困难。有关单位研究出了针对抗虫棉的苗期肥料，进行苗床施用和苗期喷施，2004 年和 2005 年收到了很好的效果。

(5)改善作物抗倒伏特性的肥料。小麦、水稻、棉花等多种农作物产量在不断提高，但其秸秆的高度和承重能力是有限的，控制它们的生长高度，提高载重能力，减少倒伏已经成为肥料施用技术的一个关键所在。如小麦、水稻生产上用多效唑、缩节胺与肥料混用，大豆生产上用 DA-6、缩节胺与肥料混用，玉米生产上用乙烯利、DA-6 与肥料混用等均收到理想的效果，有效地控制了株高，防止倒伏，使作物稳产、高产、优产。

(6)防除杂草的肥料。在芽前除草和叶面喷施除草时，与肥料混合施用，可以提高肥料利用率，减少杂草对肥料的争夺，且减少劳动付出，提高劳动生产率，因此，它必将成为肥料发展的一个重要品种。

(7)抗病虫害功能肥料。指将肥料与杀菌剂、杀虫剂或多功能物质相结合，通过特定工艺而生产的新型多功能肥料。如含有营养功能的种衣剂、浸种剂，防治根线虫和地下害虫的药肥、防治枯黄萎病的药肥等已经广泛应用。

(二)保水型功能肥料的科学施用

保水型功能肥料是将保水剂与肥料复合，集保水与供肥于一体，提高水分利用率。

(1)保水型功能肥料的类型。从保水剂与肥料复合工艺可分为4种类型：一是物理吸附型。将保水剂加入肥料溶液中，让其吸收溶液形成水溶胶或水凝胶，或者将其混合液烘干成干凝胶，如在保水剂中加入腐殖酸肥料。二是包膜型。保水剂具有“以水控肥”的功能，因此可作为控释材料用于包膜控释肥的生产，如利用高水性树脂与大颗粒尿素为原料生产包膜尿素。三是混合造粒型保水肥。通过挤压、圆盘及转鼓等各式造粒机将一定比例保水剂和肥料混合制成颗粒，即可制成各种保水长效复合肥。四是构型保水肥。这类肥料多为片状、碗状、盘状产品，因其构型而具有托水力，与保水材料原有的吸水力共同作用，使其保水力更大，保水保肥效果更明显。

(2)保水型功能肥料的施用。保水型功能肥料主要作基肥施用，逐渐向追肥方向发展。施用方式主要有撒施、沟施、穴施、喷施等。一般固体型多撒施、沟施、穴施，液体型多喷施，也可以与滴灌、喷灌相结合施用，但应注意选用交联度低、流动性好的保水材料，稀释为溶液，或与肥料一起制成稀液施用。

(三)药肥的科学施用

药肥是将农药和肥料按一定的比例配方相混合，并通过一定的工艺技术将肥料和农药稳定于特定的复合体系中而形成的新型生态复合肥料，一般以肥料作为农药的载体。

(1)药肥的特点。药肥是具有杀/抑农作物病虫害或调节作物生长的一种或一种以上的功能，且能为农作物提供营养或同时具有提供营养和提高肥料及农药利用率的功能性肥料。具有“平衡施肥，营养齐全；广谱高效，一次搞定；前控后促，增强抗逆性；肥药结合，互作增效；操作简便，使用安全；省工节本，增产增收；以肥代料，安全环保；储运方便，低碳节能；多方受益，利国利民”九大优点。它将农业中使用的农药与肥料两种最重要的农用化学品统一起来，将农药的植物保护和肥料的养分供给两个田间操作合二为一，节省劳力、降低生产成本。当农药和肥料均处于最佳施用期时，能提高药效和肥效。世界一些发达国家已将农药与肥料合剂推向市场，被第二次国际化肥会议认为现代最有希望的药肥合剂(KAC)就含有除草剂、微量元素和植物生长调节剂。国外的药肥合剂制造已发展成为一个庞大的肥料工业分支，国内药肥工业尚不完善，存在很大的差距。

(2)药肥的科学施用。药肥可以作基肥、追肥、叶面喷施等。

①基肥。药肥可与作基肥的固体肥料混在一起撒施，然后耙混于土壤中。对于含有除草剂多的药肥，深施会降低其药效，一般应施于3～5厘米的土层。

②种子处理。具有杀菌剂功能的药肥可以处理种子，处理种子的方法有拌种和浸种。

③追肥。药肥可以在作物生长期作为追肥应用。在旱地施用时注意土壤湿度，结合灌溉或下雨施用。

④叶面喷施。常和农药(特别是植物生长调节剂)混用的水溶性肥料，可通过叶面喷施方法进行施用。

(四)改善土壤结构的肥料科学施用

改善土壤结构的肥料主要是含有肥料功能的土壤改良剂，如有机肥料、生物有机肥料等。这里主要以微生物松土剂为例。微生物松土剂产品可分为乳液、粉剂两大类，乳液为乳白色液体，粉剂为白色粉末。它含有腐殖酸、团粒结构黏结剂、微生物以及生物活性物质。

(1)微生物松土剂应用范围。微生物松土剂适用于各种土壤，特别是果树园地效果明显。

(2)微生物松土剂施用。根据土壤板结的程度不同，用量为5～10千克/亩。施用方法主要有：一是拌种：将种子放入清水内浸湿后捞出控干，随后将微生物松土剂直接扬撒在种子上，混拌均匀，阴干后播种；种子应先拌种衣剂，后拌微生物松土剂。二是拌土：播种时，将微生物松土剂均匀撒在土壤表面。三是拌肥：做种肥或底肥时，可将微生物松土剂与化肥或有机肥拌在一起，随肥料一起施入。

第三章　作物化肥减量增效技术

第一节　粮油经济作物化肥减量增效技术

一、水稻大田常规施肥技术要点

（一）需肥规律

一般中等肥力田块，亩产 500 千克左右的水稻大田施肥量（亩用量）为腐熟有机肥 1000～2000 千克、氮肥 8～12 千克、磷肥 5～6 千克、钾肥 4～8 千克，缺锌土壤施用硫酸锌 1～2 千克。

（二）基肥

以有机肥为主（含绿肥），可按每亩 1000～2000 千克的用量施入腐熟的有机肥，结合旱耙地施入；配以化肥，每亩施尿素 12～15 千克、普通过磷酸钙 30～40 千克、氯化钾 7～12 千克（或等含量的复混肥）施入田中，结合水整地全层施入。在实施秸秆还田的地区，钾肥用量可减少一半。采用基肥一次清的，将肥料全部施入。

（三）追肥

水稻大田追肥仍以氮肥为主，若基肥中供钾不足，也应追施钾追肥应做到：蘖肥早而足，穗肥稳，粒肥轻。

①分蘖肥。插秧后到分蘖前（返青后），一般早、中稻在插后 5 天，晚稻在插后 3 天，即可追施促蘖肥，每亩施尿素 5～7 千克，对施有机肥少和缺钾的田块，每亩追施 3～5 千克氯化钾。肥料不足

的田块，隔5～7天可再施1次。另外，若基肥没有施用锌肥，可在分蘖期用50～100克硫酸锌配成0.2%的水溶液进行叶面喷施。

②穗粒肥。穗肥在拔节初期施入(晒田复水后)，每亩施尿素2～3千克、氯化钾3～5千克。抽穗前看苗情再酌施尿素2.5千克作为粒肥。

高产和超高产栽培田后期应重视叶面肥的施用，如用含硅、含硒的液体肥料(按说明书使用浓度)进行叶面喷施，可增强水稻的抗病性，提早成熟，改善水稻的食味性及营养品质，提高商品价值。在齐穗—灌浆期用0.2%～0.3%的磷酸二氢钾等肥料叶面喷施，能延长生育后期功能叶片的成活率，加速籽粒的灌浆速度，减少空秕率，提高千粒重，对预防延迟型冷害也有一定作用。

二、冬小麦施肥技术要点

(一)需肥规律

小麦每生产100千克籽粒，约需氮(3.0±0.9)千克、五氧化二磷(1.1±0.2)千克、氧化钾(3.3±0.6)千克，三者的比例约为2.8∶1∶3.1。

(二)基肥

基肥施用量要根据土壤基础肥力和产量水平而定。一般麦田每亩施优质有机肥5000千克以上，纯氮13～15千克(折合碳酸氢铵75～85千克或尿素28～30千克)、五氧化二磷6～8千克(折合过磷酸钙50～60千克，或磷酸二铵20～22千克)、氧化钾9～11千克(折合氯化钾18～22.5千克)，硫酸锌1～1.5千克(隔年施用)。推广应用腐殖酸生态肥和有机无机复合肥，或每亩施三元复合肥50千克。大量小麦肥料试验证明，土壤基础肥力较低和中低产水平麦田，要适当加大基肥施用量，速效氮肥基肥与追肥的比例以7∶3为宜；土壤基础肥力较高和高产水平麦田，要适当减少基肥施用量，速效氮肥基肥与追肥的比例以6∶4(或5∶5)为宜。

(三)种肥

①硫酸铵。最适合做小麦种肥，可直接与小麦种子混播，每亩3～4千克，或按种子重量的50%与麦种干拌均匀后混合播种。

②钙镁磷肥。宜做小麦种肥，每亩5～10千克，可以拌种施用。

③磷酸二铵。每亩用2.5～3千克，条施于播种沟内。

④磷酸二氢钾。一是拌种，用磷酸二氢钾500克，对水5千克，溶解后拌麦种50千克，拌匀堆闷6小时播种。二是浸种，将选好的麦种放入0.5%磷酸二氢钾溶液中浸泡6小时，捞出晾干后播种。

⑤硫酸钾。在缺钾的土壤上，可用硫酸钾做种肥。每亩用量为1.5～2.5千克。硫酸钾的肥分含量高，不能与种子接触，以免烧幼苗。要控制好用量，肥料与种子相距3～5厘米为佳。

⑥硫酸锌。在缺锌地区施用，可使小麦增产10%～18%。拌种，用硫酸锌50克溶于适量水中，拌麦种50千克，拌匀堆闷4小时，晾干后播种。浸种，将选好的麦种放入0.05%硫酸锌溶液中浸泡12～24小时，捞出晾干播种。

⑦硼砂。在缺硼地区施用。拌种用硼砂10克，溶于5千克水中，拌麦种50千克。浸种时将选好的麦种放入0.03%硼砂溶液中浸泡10小时。

⑧硫酸锰。在缺锰地区，播种时，每千克麦种用4～6克硫酸锰拌种。

⑨硫酸铜。用硫酸铜按种子量的0.2%拌种，拌匀后堆闷15小时播种。

⑩钼酸铵。在缺钼地区，每千克麦种用钼酸铵2～6克，拌种前先用40℃的温水将钼酸铵化开，将选好的麦种放入0.05%～0.1%钼酸铵溶液中浸泡12小时。

此外，充分腐熟的厩肥、牛羊粪、猪粪、鸡粪、兔粪等，压碎过筛后，均可以做种肥施用，可与小麦种子拌种施用。

（四）追肥

①苗期追肥。一般是在出苗的分蘖初期，占总用肥量的20%。

每亩追施碳酸氢铵5～10千克，或尿素3～5千克，或少量的人粪尿。但是对于基肥和种肥比较充足的麦田，苗期也可以不必追肥。

②越冬期追肥。也叫“腊肥”，南方和长江流域都有重施腊肥习惯。对于北方冬麦区，播种较晚、个体长势差、分蘖少的三类苗，分蘖初期没有追肥的，一般都要采取春肥冬施的措施，结合浇冻水追肥，可在小雪前后施氮肥，每亩施碳酸氢铵5～10千克，或尿素3～5千克，对于施过苗肥的可以不施“腊肥”。小麦进入越冬期后，可用马粪等暖性肥料撒在麦田，起到保温增肥的作用。

③返青期追肥。对于肥力较差，基肥不足，播种迟，冬前分蘖少，生长较弱的麦田，应早追或重追返青肥，主要追施氮素化肥，每亩施碳酸氢铵15～20千克或尿素5～10千克，过磷酸钙9～10千克，应深施6厘米以上为宜。对于磷、钾肥施用不足或严重缺乏的麦田，要在小麦返青时及时施用，一次施足。对于基肥充足、冬前蘖壮蘖足的麦田一般不宜追返青肥，应蹲苗，防止封垄过早，造成田间郁闭和倒伏。

④起身期追肥。对于生长发育良好的中高产田要重施起身肥水；有旺长趋势的麦田应于起身后期追肥浇水。此期的追肥量一般占氮素化肥总用量的60%～70%，可根据地力和苗情灵活掌握。对于已追返青肥的麦田，此期不再追肥。

⑤拔节期追肥。施肥量和施肥时间要根据苗情、墒情和群体发展而定。通常将拔节期麦苗生长情况分为三种类型，并采用相应的追肥和管理措施。一种是过旺苗，叶形如猪耳朵，叶色墨绿，叶片肥宽柔软，向下披垂，分蘖很多，有郁蔽现象。对这类苗不宜追施氮肥，且应控制浇水。一类是壮苗，可施少量氮肥，每亩施碳酸氢铵10～15千克或尿素3～5千克，配合施用磷钾肥，每亩施过磷酸钙5～10千克、氯化钾3～5千克，并配合浇水。一类是弱苗，应在

拔节前期追施，多施速效性氮肥，每亩施碳酸氢铵 20～40 千克或尿素 10～15 千克。土壤微量元素缺乏的地区或地块，在小麦返青期到拔节期之间，喷施 2～3 次微肥、稀土等，有较明显的增产效果。

⑥孕穗期追肥。孕穗期主要是施氮肥，用量少。一般每亩施碳酸氢铵 5～10 千克或尿素 3～5 千克。

⑦后期施肥。一般采用根外追肥的办法。抽穗到乳熟期如叶色发黄、有脱肥早衰现象的麦田，可以喷施 1%～2%浓度的尿素，每亩喷溶液 50 升左右。对叶色浓绿、有贪青晚熟趋势的麦田，每亩可喷施 0.2%浓度的磷酸二氢钾溶液 50 升。第一次喷施在灌浆初期；第二次喷施在第一次后的 7 天左右。在小麦生长后期喷施黄腐酸、核苷酸、氨基酸等生长调节剂和微量元素，对于提高小麦产量起到一定作用。

三、大豆施肥技术要点

（一）需肥规律

大豆需氮虽多，但可通过根瘤固氮，一般每亩可从大气中获取 5～7.5 千克，约为大豆需氮的 40%～60%。每生产 100 千克大豆，需要从土壤中吸收氮 1.8～10.1 千克、磷 1.8～3 千克、钾 2.9～3 千克，以及较多的钙、镁、硫及微量的钼、锰、硼、铁、锌、铜、钴等。

（二）基肥

一般肥力中等或低下的地块，每亩施腐熟有机肥 1000～1500 千克，肥较较高的地块，每亩施 500～1000 千克，并与下列化肥配方之一充分混拌后施用。

①磷酸二铵 8～10 千克加硫酸钾 10～12 千克或氯化钾 8～10 千克。

②尿素 3.5～4 千克、三料过磷酸钙 8～10 千克加硫酸钾 10～12

千克或氯化钾 8～10 千克。

③硫酸铵 7～8 千克、过磷酸钙 25～30 千克加硫酸钾 10～12 千克或氯化钾 8～10 千克。

瘠薄地和前作耗肥大、施肥量少的地块要注意多施粪肥。如果来不及施用大量有机肥，也可用饼肥和少量氮肥做基肥，每亩用饼肥 35～40 千克、磷肥 20～25 千克、尿素 1.5～3.5 千克。另外要根据需要在基肥中施用硼、锰、锌等微量元素肥料。

（三）种肥

在多数情况下，以磷肥作大豆种肥可以获得明显增产效果。一般每亩施过磷酸钙 10～15 千克。如果需要，每亩可施氯化钾或硫酸钾 4～6 千克或草木灰 40～80 千克。种肥一般不用氮肥，但对瘠薄地、地力差或早熟秆强的大豆品种，需施少量氮肥，一般每亩施硫酸铵约 5 千克。如果以氮、磷肥配合作种肥施用，氮、磷比例以 1∶2 效果较好。或每亩用 5～10 千克磷酸二铵。

（四）追肥

大豆追肥以硫酸铵、碳酸铵、尿素等氮肥为主，同时配合磷、钾肥。

①苗期追肥。春大豆幼苗期以根系发育为主，在施用基肥和种肥后，一般不必追施苗肥。但若豆田地力贫瘠，未施基肥和种肥，幼苗叶片小，叶色淡而无光，生长细弱，每亩可追施过磷酸钙 10～15 千克、硫酸铵 10 千克左右。若地力中等，播前未施肥料，幼苗生长偏弱，也可酌情隔行轻施肥。若地力肥沃，幼苗健壮，苗期不可追肥。

②花期追肥。追肥时间以始花期或分枝期效果较好。追肥数量一般每亩追施硫酸铵 5～10 千克或尿素 2.5～5 千克，磷酸二铵 5～7.5 千克或过磷酸钙 7.5～10 千克。

③叶面施肥。大豆在盛花期前后也可采用叶面喷施的方法追肥。

如只喷施一次叶肥，以初花至盛花期为宜；喷施两次，则第一次在初花期，第二次大豆终花至初荚期。叶面追肥可用尿素、钼酸铵、磷酸二氢钾、硼砂的水溶液或过磷酸钙浸出液。一般每亩用尿素500～1000克、钼酸铵10克、磷酸二氢钾75～150克、硼砂100克，喷施浓度为尿素1%～2%、钼酸铵、硼砂0.05%～1%、磷酸二氢钾0.1%～0.2%、过磷酸钙0.3%～0.6%。根据具体需要选择肥料单施或混施。叶面追施应于无风晴天的下午3～6时进行。

四、花生施肥技术要点

（一）需肥规律

①高肥水地块。根据花生每亩产500千克荚果对氮、磷、钾主要营养元素吸收量和肥料的吸收利用率分析，施肥比例为：每亩施氮14.8千克、磷11千克、钾16千克，折合成优质圈肥5000千克、尿素13千克或碳酸氢铵35千克、过磷酸钙72千克、硫酸钾22千克或氯化钾18千克或草木灰138千克。

②中等肥力地块。实现花生每亩产500千克荚果的目标，施肥比例为：每亩施氮27千克，折合优质圈肥10000千克、尿素26千克或碳酸氢铵70千克，其他的施肥量相同。在黄泛区和洼区酸性土壤上要增施石膏或磷石膏30千克左右，主要是增加钙素。

（二）基肥

主要是以腐熟的有机肥料为主，配合氮、磷、钾等化学肥料。每亩施500～2000千克的优质圈肥，花生产量为150～200千克；每亩施2500～3000千克的优质圈肥，花生产量为250～300千克。地力越差，有机肥效果越明显，新整农田更要多施有机肥，才能保证当年丰产。

（三）种肥

一般为化肥总量的1/3。

（四）追肥

①幼苗期追肥。苗肥应在始花前后施用，时间越早越好，应氮、磷、钾并重。但数量不宜过多，应根据幼苗长势而定。一般每亩用硫酸铵 5～10 千克、过磷酸钙 10～15 千克，与优质圈肥 500～1000 千克混合施用，或追草木灰 50～80 千克，宜拌土撒施或开沟条施。

②花针期追肥。如果基、苗肥未施足，则应根据长势长相，及时追施花肥。花针期追施氮肥可参照苗期追肥。此外，根据花生果针、幼果有直接吸收磷、钙营养的特点，每亩可追施过磷酸钙 10～20 千克、优质圈肥 150～250 千克，改善花生磷、钙营养，增产十分显著。

③根外追肥。在生育中后期脱肥又不能进行根际追肥的情况下，可每亩叶面喷施 2%～3%的过磷酸钙水溶液 75～100 千克，每隔7～10 天喷一次，连喷 2～3 次。如果花生长势偏弱，还可添加尿素 2.25～3 千克混合喷施。叶面喷施钾、钼、硼等肥，均有一定的增产效果。钾肥可采用 5%～10%的草木灰浸出液，或 2%硫酸钾、氯化钾的水溶液，每次每亩喷液 60 千克。花生结荚期每亩可用磷酸二氢钾 150～200 克，对水 50 千克喷施，最好连喷 3 次，每次间隔 7 天。

五、棉花施肥技术要点

（一）需肥规律

棉花每形成 100 千克皮棉约需要氮 12～15 千克、磷 5～6 千克、钾 12～15 千克，镁 6 千克、硼 9.4～10.8 克、锌 2.4～7.2 克，因不同品种、产量水平略有差异。亩产皮棉 200 千克需吸收氮 20～37 千克、磷 7～12 千克、钾 26～33 千克。

（二）基肥

应根据不同棉区确定施肥。

①黄淮海棉区。黄淮海棉区氮磷化肥用量普遍偏高，肥料增产

效应下降，而有机肥施用不足，微量元素硼和锌缺乏时有发生。

施肥量及比例在亩产皮棉70～90千克的条件下，施肥总量为：亩施优质有机肥2000千克，氮肥11～13千克，磷肥5～7千克，钾肥5～7千克。对于硼、锌缺乏的棉田，注意补施硼、锌肥。

氮肥的35%～40%用做基肥，35%～40%用在初花期，15%～20%用在盛花期；磷肥全部用做基肥；钾肥全部用做基肥或基追(初花期)各半。从盛花期开始，对长势较弱的棉田，结合施药混喷0.5%～1.0%尿素和0.3%～0.5%磷酸二氢钾溶液50～75千克，每隔7～10天喷一次，连续喷施2～3次。

②长江中下游棉区。长江中下游棉区氮磷化肥用量偏高，有机肥施用不足，部分棉田土壤钾、硼、锌等元素缺乏。

施肥建议在亩产皮棉90～110千克的条件下，施肥总量为：亩施用优质有机肥2000千克，氮肥16～18千克，磷肥4～6千克，钾肥8～10千克。对于硼、锌缺乏的棉田，注意每亩补施硼砂1.0千克和硫酸锌1.5千克。

氮肥的25%～30%用作基施，25%～30%用作初花期追肥，25%～30%用作盛花期追肥，15%～20%用作铃期追肥。磷肥全部作为基施。钾肥的60%用作基施，40%用作初花期追肥。从盛花期开始对长势较弱的棉田，喷施0.5%～1.0%尿素和0.3%～0.5%磷酸二氢钾溶液50～75千克，每隔7～10天喷一次，连续喷施2～3次。

③新疆棉区。新疆生产建设兵团棉田氮磷化肥用量偏高、而地方棉田氮磷施用不协调，有机肥普遍施用不足。

施肥量及比例在亩产皮棉120～150千克的条件下，施肥总量为：亩施用棉籽饼50～75千克，氮肥14～18千克，磷肥7～8千克左右，钾肥3千克以内。亩产皮棉150～180千克的条件下，施肥总量为：亩施用棉籽饼75～100千克，氮肥18～22千克，磷肥8～10千克左右，钾肥5千克以内，膜下滴灌棉田适当减少施肥量。对于硼、锌缺乏的棉田，注意补施硼、锌肥。地面灌棉田45%～50%的氮肥用作基施，50%～55%做追肥施用。30%的氮肥用在初花期，20%～25%的氮肥用在盛花期。所有磷钾肥均用作基施。膜下灌棉田25%～30%的氮肥用作基施，70%～75%的氮肥用作追肥，70%～80%的磷钾肥用作基施，剩余用作追肥，依据棉花长势随水滴施，随水施肥次数一般为9～10次，每次肥料亩用量不超过2千克(纯养分量)。使用滴灌专用肥要注意养分配比，避免施用磷钾含量很高的肥料品种。

（三）追肥

①轻、偏或不施苗肥。苗肥一般以化肥或腐熟的饼肥、人粪尿、动物粪肥等速效性肥为主。苗期营养钵较小，要掌握轻施的原则，施用量不宜过多。苗肥要早施，以达到壮苗早发的目的，一般在2～3叶期追施。要求将肥料施在距棉苗10～15厘米、深8～10厘米处。土壤肥沃，基肥充足，则苗期可不施肥。

②稳施现蕾肥。蕾肥一般以氮素化肥为主，也可补施部分磷、钾肥。夏播短季棉、麦套短季棉，生长期比春播棉缩短20余天。由于它的生育期短，苗蕾期生长速度快，为了促苗早发棵，追施氮肥，要掌握前重后轻的原则，苗肥要重施，前期氮肥施用量要占总施肥量的60%～70%。肥力较高的棉田，前期施肥量可酌减。

③重施花铃肥。花铃肥应以速效氮肥为主。沿江棉区多在初花期到盛花期分1～2次施用，一般占总氮量的40%～60%，磷肥、钾肥的50%。对于肥水条件好、施基肥和蕾肥较多、棉株长势强的棉田，应在棉株基部坐住1～2个成铃时施用。对于地力较差、基肥用量不足、蕾肥施用少、棉株长势弱的棉田，则应适当提早到初花期追施。最后一次花铃肥不得晚于7月底。施肥时，可在棉花行间结合中耕，开沟施用，适当深施或穴施，施后覆土，做到施肥不见肥。如干旱，要及时灌溉，禁止土表撒施。硼肥和锌肥叶面喷施，花铃期可连续喷0.2%硼砂或硫酸锌溶液2次。可将硼砂和硫酸锌混在一

起喷施，每次间隔 7～10 天，喷至叶面布满雾滴为度，喷施时间以晴天下午 4 时以后为好。如果喷施后遇到下雨，应当重新补喷。

④补施盖顶肥。盖顶肥施用时间和数量，要在施用花铃肥的基础上根据棉株长势确定。盖顶肥的施用时间一般在 7 月底、8 月初进行，在高产与超高产栽培棉田，一旦发现棉铃后期生长势减弱或自动封顶，应及时每亩施尿素 5～8 千克，要避免施肥过晚、过多造成贪青晚熟。

⑤叶面喷肥。叶面喷肥的肥料种类和适宜浓度一般是尿素 1%～2%和磷酸二氢钾 0.3%～0.5%。喷施时间一般在 8 月中、下旬至 9 月上旬。根据棉株长势，间隔 7 天左右喷 1 次，连喷 2～3 次，每次每亩喷溶液 50～75 千克，以晴天下午 4 时以后喷于中、上部叶片的背面为好。

六、油菜施肥技术要点

（一）需肥规律

生产 100 千克油菜籽需氮素 8.8～11.3 千克，磷素 1.3～1.7 千克，钾素 7.1～10.5 千克。在一定生产水平下，生产相同重量的产品，油菜对氮、磷、钾的需要是水稻、小麦和玉米的 3～5 倍。油菜对土壤有效硼的需求量比其他作物高 5 倍左右，生产上应特别注意施用硼肥。

（二）基肥

基肥应以有机肥及难溶性矿质磷肥为主，配合施用少量的氮素化肥。有机肥主要是牲畜粪、土杂肥、塘泥、饼肥等。用量视肥质好坏而定，一般每亩施用 3000～5000 千克，同时施入 5～7.5 千克氮素化肥（尿素 11～16 千克或硫酸铵 25～27 千克）、过磷酸钙 20～30 千克和氯化钾 5～10 千克。在缺硫的土壤中，每亩施入过磷酸钙 20～30 千克或硫黄粉 2 千克做基肥可防止油菜缺硫。在严重缺硼的土壤中，还应加入 0.5 千克硼砂做基肥(如果土壤严重缺锌，还可加入硫酸锌 1～2 千克做基肥)。

(三)种肥

种肥应以磷钾肥为主，生产中普遍施用过磷酸钙、硫酸钾、土粪、渣肥、草木灰等，也有用牲畜粪水、人粪尿等作为种肥的。单独用过磷酸钙作种肥时，应加细土混合后再与种子混合。机播时，应制成颗粒肥，或氮磷、氮磷钾、磷钾复合颗粒肥。严重缺硼的土壤如果未施硼肥做基肥，每亩可加 0.5 千克硼砂或硼酸做种肥。

(四)移栽油菜苗床施肥

①施足基肥。一般瘦地、水稻土、黏土和砂土结构不良，应适当多施肥，每亩苗床多用人、畜粪 2000～3000 千克做面肥，结合整地施于表土层。有的高产油菜区，播种前每亩用过磷酸钙 25～30 千克、氯化钾 5～6 千克撒施土面，与表土层混合，撒播种子后每亩再用优质带渣牛粪 1500～2000 千克对水泼浇，使苗床充分湿润。如土壤肥沃，有机质充分，可适当减少用肥量。

②苗期追肥。苗齐追肥可结合间苗进行，根据幼苗生长势，一般每次每亩用腐熟人畜粪水 500～600 千克，对水多少视土壤墒情而定。如苗势差，可在二次追肥时每亩加施 5～6 千克硫酸铵或 6～7 千克碳酸氢铵。五叶期后不追肥。移栽拔苗前 7 天左右再施一次“起身肥”或“送嫁肥”，每亩除施入畜粪水外，每亩加施碳酸氢铵 8～10 千克，促使幼苗多发新根。干旱时，每隔 2～3 天浇灌一次，可增加抗旱能力。

(五)追肥

油菜不同于其他作物，如果基肥不足，尤其是有机肥施用量少时，需要多次追肥。

①苗前期追肥。苗前期应追施提苗肥和活棵肥。提苗肥是指直播油菜，待全苗后，结合间苗进行追肥，以促进幼苗生长健壮。活

棵肥是指移栽油菜后所施的肥，移栽油菜7～10天活苗后，每亩施尿素5～10千克或人粪尿1000千克，也可将尿素混入人粪尿浇施。在缺磷缺钾土壤中，如果基肥未施磷钾肥，应补施磷钾肥。栽后25天左右视苗情再追适量尿素促苗。

②苗后期追肥。油菜在越冬的期间为苗后期，苗后期应追施腊肥、开盘肥。腊肥是油菜进入越冬期施用的肥料，长江中下游地区腊肥一般在12月中下旬至翌年1月上中旬施用，与中耕结合进行，一般每亩用腐熟猪牛粪草1000～1500千克，施于植株根部或油菜行间，再进行中耕培土，如果油菜生长过旺，可少施或推迟施，腊肥用量多少还要根据基肥和种肥的施用情况，如果基肥、种肥施用量不足，腊肥就得重施和早施。对于缺肥的田块或长势差的三类苗，可配合增施少量的氮素化肥。冬油菜中的甘蓝型品种在出苗后60天，开始花芽分化，植株基部形成大量腋芽，形成盘状，即为盘期，此期追施氮肥可提高产量24.1％。

③蕾薹期追肥。蕾薹肥一般在1月下旬～2月上中旬、薹高5～10厘米时视长势而定，长势旺的迟施少施，长势弱或脱肥田应早施、重施，一般每亩施人粪尿750～1000千克或尿素7～10千克。严重缺磷土壤，磷肥必须在冬前做苗肥或基肥来施用。如果土壤缺硼，在苗后期至抽薹期喷施0.2％硼砂2～3次，有良好效果。

④花期追肥。花肥施用要巧施，前期施肥多、长势好的可结合病虫防治根外喷施磷、钾肥(即0.3％磷酸二氢钾溶液)；长势差的地块除磷、钾肥外再加尿素，每亩3～4千克对清水喷施1～2次。

七、玉米施肥技术要点

(一)需肥规律

一般每生产100千克玉米籽粒需从土壤中吸收纯氮2.5千克、五氧化二磷1.2千克、氧化钾2.0千克。氮、磷、钾比例为1∶0.48∶0.8。

（二）基肥

一般情况下，2000～3000千克有机肥、全部磷肥、三分之一氮肥、全部的钾肥作基肥或种肥，可结合犁地起垄一次施入播种沟内，使肥料施到10～15厘米的耕层中。所有的化肥都可作基肥。另外，玉米对锌非常敏感，如果土壤中有效锌少于0.5～1毫克/千克，就需要施用锌肥。常用锌肥有硫酸锌和氯化锌，基施每亩用量0.5～2.5千克，拌种4～5克/千克，浸种浓度0.02%～0.05%。如果复混肥中含有一定量的锌，就不必单施锌肥。

（三）种肥

硫酸铵、硝酸铵等都可以用作种肥，一般每亩以5～7.5千克为宜；尿素中的缩二脲容易烧伤种子，用量要少些，最多不能超过每亩4千克。磷、钾肥多数用作基肥施用，不再用作种肥，如果基肥用量不足或没有施用，可选用优质过磷酸钙、钙镁磷肥、重过磷酸钙等磷肥和硫酸钾、草木灰等钾肥作种肥。但要注意某些过磷酸钙质量低劣，其中游离酸含量超过5%，不宜作为种肥施用。氮、磷、钾复合肥或磷酸二铵作种肥最好，每亩可用10～15千克。不管用什么肥料作种肥，都要做到种、肥隔离，避免烧坏种子。

（四）追肥

追肥分苗肥、秆肥、穗肥和粒肥四种追肥时期。

①苗肥。一般在幼苗4～5叶期施入，可结合间苗、定苗和中耕除草进行，一般应早施、轻施和偏施，苗肥一般占追肥量的10%左右。

②秆肥。一般在拔节后10天内追施，施用量一般占追肥量的20%～30%。

③穗肥。剩下的氮肥在玉米抽雄前10～15天大喇叭口期施入，穗肥一般应重施，施肥量占总追肥量的60%左右。

④粒肥。一般在吐丝初期追施。粒肥应根据当时植株的生长状

况而定，要轻施、巧施。如果穗肥不足，植株发生脱肥，果穗节以上叶色黄绿，下部叶早枯，粒肥可适当多施；反之，则可少施或不施。对以收获鲜苞为目的的甜、糯玉米，由于灌浆期较短，一般不用施粒肥。穗肥施用量占追肥量的0～10%。

（五）根外追肥

据试验，在玉米扬花、灌浆期叶面喷施0.2%～0.3%的磷酸二氢钾溶液1～3次，千粒重增加2～12克，每亩增产3.5～50千克；对表现缺氮的玉米喷2%～4%的尿素2～3次，千粒重增加2～40克，每亩增产6.5～75千克；在玉米抽穗期喷0.01%的钼酸铵溶液，玉米后期叶片不早衰，籽粒饱满，千粒重增加10～20克。此外容易被土壤固定形成难溶解物质的铁、锌、锰等化学元素，很难被玉米根吸收，常导致作物发生缺铁、缺锌和缺锰症。通过根外追肥，可以补充玉米生长所需要的上述元素。一般采用0.3%的磷酸二氢钾加2%的尿素对成混合溶液进行喷洒效果好。即每亩用尿素1.0千克，磷酸二氢钾0.5千克，对水50千克。

八、芝麻施肥技术要点

（一）需肥规律

一般每生产50千克芝麻籽，需氮4.5～5千克、五氧化二磷1.25千克、氧化钾5～5.2千克。

（二）基肥

目标产量每亩75千克的施肥方案：农家肥1500千克，过磷酸钙15～20千克，硫酸钾或氯化钾3～4千克（砂礓黑土可以不施钾肥），尿素2～3千克或碳酸氢铵10～15千克。目标产量每亩100千克的施肥方案：农家肥2000千克，过磷酸钙30～35千克，硫酸钾或氯化钾4～5千克（砂礓黑土可以不施钾肥），尿素4～5千克或碳酸氢铵15千克左右，硫酸锌1千克或硼砂0.2千克。目标产量每亩

125～150 千克的施肥方案：农家肥 2000～2500 千克的基础上，施过磷酸钙 50 千克左右，硫酸钾或氯化钾 4～5 千克，尿素 5～10 千克或碳酸氢铵 20 千克，同时配施硼、锌等微量元素。

若土壤有机质含量高，也可不施农家肥，而直接以相应含量复合肥或其他化肥作基肥。在酸性土壤上施用石灰、草木灰等作基肥，可以中和土壤酸性，改良土壤物理性状。

（三）种肥

一般每亩施沤制好的饼肥 5～8 千克、骨粉 2 千克、尿素 2 千克、土杂肥 500 千克左右。每千克种子需要拌钼或稀土各 1 克。播种时，先将钼酸铵溶解在少量的水中，或将稀土溶解在酸性水中，然后再在容器内湿拌或一边喷一边拌，拌匀阴干后即可播种。

（四）追肥

①苗期追肥。在土壤瘠薄、基肥不足、幼苗生长瘦弱的情况下，可先少量追施提苗肥，以稀释腐熟的人粪尿或尿素效果较好。苗期追肥一般应在定苗后进行，分枝型品种在分枝前，单秆型品种在现蕾前。一般每亩可用尿素 2.5 千克，或人畜粪水 1500～2000 千克。如果土壤肥沃，基肥充足，幼苗生长健壮，在苗期可不追肥。苗期追肥一般以开沟条施为好。

②现蕾初花阶段追肥。花期追肥一般 1～2 次，若土壤保肥供肥性好，可在初花期一次追施；反之，可在现蕾初花期多施，开花结蒴阶段补施，宜早不宜迟。一般每亩施尿素 6～8 千克，或硫酸铵 15～25 千克，或碳酸氢铵 15～35 千克，或人畜粪水 2000～2500 千克。在缺硼的地区应施用硼肥。另外，在芝麻始花期每亩撒施草木灰 100 千克左右，或氯化钾 10 千克左右。

③开花结蒴阶段追肥。以追施适量的速效性氮肥、磷肥效果较好。如每亩追施硫酸铵、过磷酸钙各 7.5 千克，在盛花期追施的每亩产 98.3 千克，比未追肥的增产 30%。实践证明，此阶段追肥宜早

不宜迟，最晚不要晚过盛花期，追肥过迟，如遇阴雨天气，容易造成贪青晚熟，使病害加重。据试验，在芝麻开花后10天，每亩追施1千克硫酸铵，芝麻可增产1.3千克；而在开花后一个月(接近终花期)追施硫酸铵，每千克只增产芝麻0.68千克。为了充分发挥肥料的增产作用，芝麻追肥应与中耕、培土、浇水等田间管理结合起来。

④叶面施肥。叶面喷施硼、磷、钾肥能显著提高产量，在始花和盛花初期喷施1%～2%尿素液或0.1%～0.5%磷酸二氢钾1～2次，增产效果明显；于花期叶面喷施0.1%硼肥和0.3%磷酸二氢钾混合液，可增加粒重；芝麻对锰肥比较敏感，常用锰肥有硫酸锰和EDTA螯合液，叶面喷施在现蕾前7～10天效果较好；铁肥主要是硫酸亚铁或螯合铁肥，施用铁肥以叶面喷施为宜，常用浓度为0.1%～0.5%。

第二节　蔬菜作物化肥减量增效技术

一、黄瓜施肥技术要点

(一)需肥规律

每生产1000千克黄瓜需要氮2.8～3.2千克，五氧化二磷0.8～1.8千克、氧化钾3.0～4.4千克、氧化钙5.0～5.9千克、氧化镁0.8～1.2千克。

(二)营养土配制

选用2～3年内没种过葫芦科作物菜园土，捣细过筛，有机肥应充分腐熟。配方有：腐熟有机肥，菜园土各半，每1000千克营养土加过磷酸钙4千克，尿素0.6千克，混合堆沤，适于黏土或壤土；草炭3～4份，过筛细土1～2份，每立方米加复合肥1.5～2.0千克；菜园土3份、1份充分腐熟的羊、鸡或兔粪等，每立方米营养土加0.25～0.5千克的尿素或磷酸二铵，充分混匀；菜园土7份，腐熟堆肥或厩肥4份，每立方米培养土加0.25～0.5千克尿素或磷酸二铵。

（三）苗期追肥

2片真叶时可用0.3％尿素溶液在下午进行叶面喷洒，3～4片叶时用500倍蔬菜灵加1.2％的磷酸二氢钾叶面喷洒，可促进营养生长，加速花芽分化。

（四）基肥施用

露地栽培，每亩可施腐熟厩肥2500～3000千克，或堆肥、土粪等5000千克左右，或富含腐殖质的塘泥10000千克左右，过磷酸钙40～50千克，还可施入人粪稀1000千克，饼肥200～300千克。保护地栽培时，应施入优质腐熟有机肥6000千克以上。

（五）追肥的施用

追肥必须与灌水相结合，要少施勤施，施肥数量掌握“两头少中间多”，开沟条施或穴施。

①春黄瓜施肥。在定植缓苗后追施一次提苗肥，一般每亩施用尿素5～7.5千克，距离植株5厘米开沟施入，覆土后马上浇水。也可追施2～3次20％～30％的人畜粪水。提苗肥施过后，不可追肥浇水，以中耕为主。第一瓜坐住后进行第二次追肥。一般每亩随水冲施尿素或磷酸二铵15～20千克。若基肥未施钾肥，可随同尿素冲施硫酸钾15～20千克。进入结瓜期后，追肥用量要多，浓度要较高，次数要勤，一般根据土壤肥力和植株生长状况，每10～15天追施一次速效氮肥，每次每亩追施尿素5～7.5千克。磷钾不足时，可随同尿素施入同量的硫酸钾和过磷酸钙（一般作基肥施用）。盛瓜期后，一般不再追肥，进入后期，高温干旱，需要水分多，若要继续采收，可结合灌水进行追肥。

②秋黄瓜施肥。除施足5000千克以上底肥外，根瓜开始采收

时，及时追肥，追肥不宜用人粪尿，可用化肥，每次 7.5～15 千克硫铵，全生育期追 30～35 千克硫铵。

（六）叶面肥施用

始花前缺锌肥时，可用 0.3%硫酸锌溶液叶面喷施，每隔 7 天 1 次，共喷 3 次。结瓜盛期，可叶面追施 0.5%尿素或复合肥，0.3%尿素＋0.1%磷酸二氢钾，0.3%尿素＋0.2%硫酸钾，0.1%硼酸或 0.1%硫酸锌等。可交替喷施，一般 7～10 天一次，微量元素肥料前期和中期使用好。叶面喷施要在早晨有露水时或傍晚蒸发量小时进行，阴天喷施最好。微肥还可拌入有机肥浸出液同喷。

（七）二氧化碳施肥

设施栽培在开花坐果期施用二氧化碳，可增产 20%～25%，以 1500～2000 毫克/千克为佳，追施时间在日出后 0.5～1 小时，通风前 0.5 小时停止施用，一般一次施用 2～3 小时即可。

二、南瓜施肥技术要点

（一）需肥规律

南瓜对氮、磷、钾三要素的吸收量比黄瓜约高 1 倍，是需肥量较多的蔬菜之一。每生产 1000 千克果实，需要吸收氮 3.92～5.47 千克，磷 2.13～2.22 千克，钾 4.09～7.29 千克，其养分吸收比例为 2.16∶1∶2.61。

（二）基肥

播种前要深翻土壤，并施用腐熟的有机肥作基肥，每亩施用量为 2500～5000 千克，在有机肥不足的情况下，每亩补施氮、磷、钾复合肥 15～20 千克。基肥有撒施和集中施用两种方法，撒施时，一般是结合深耕来进行，均匀撒施有机肥或复合肥以后，反复耙 2 次，使肥料与土壤均匀混合。在肥料较少时，一般采用开沟集中条施，将肥料施在播种行内。

（三）追肥

苗期追肥以氮肥为主，一般每田施尿素 5～8 千克。开始爬蔓时，在距根部 10～15 厘米处开沟或开穴，每亩施入腐熟的优质有机肥 800～1000 千克，或饼肥 130～150 千克，其上再盖土杂肥 1000 千克。施肥后要及时浇水。当大部分植株雌花已经凋谢，第一个瓜长到直径达 6～10 厘米时，应及时施肥和浇水。在果实生长发育和陆续采收期间，要追施化肥 2～3 次，每次每亩施硫酸铵 15～20 千克，或尿素 7～9 千克。在追肥时应注意位置，苗期追肥应靠近植株基部施用，进入结果期，追肥位置应逐渐向哇的两侧移动，一般进行条施。在石灰性土壤上，氮肥应遵守深施覆土的施肥原则。叶面喷肥对南瓜生长发育及产量形成具有一定作用，特别是南瓜生长的中后期，可用 0.2％～0.3％的尿素，0.5％～1％的氯化钾，0.2％～0.3％的磷酸二氢钾，一般每 7～10 天喷施 1 次，几种肥料可交替施用，连喷 2～3 次。

三、冬瓜施肥技术要点

（一）需肥规律

冬瓜对养分氮、磷、钾三要素的要求，以钾最多、氮其次、磷最少。每生产 1000 千克冬瓜，需要吸收氮 1.29～1.36 千克、磷 0.5～0.61 千克、钾 1.46～2.16 千克，其养分吸收比例为 2.36∶1∶3.23。

（二）基肥

冬瓜要求氮、磷、钾养分均衡的优质腐熟有机肥。一般每亩施用优质圈肥 5000 千克以上，施基肥应与整地相结合，也有的采取整畦后沟施。冬瓜的基肥施入量多，特别是有机肥一定要充分腐熟，以免伤害根系。基肥较少的，可沟施或穴施，基肥较多的，最好一半撒施，另一半穴施。

（三）追肥

南方追肥多用稀粪水，北方用充分腐熟的优质展肥和速效化肥。一般到果实采收前，要追肥 3～4 次。在瓜苗长有 5～6 片真叶时，开沟施肥，每亩施粪干 500～750 千克，或优质腐熟圈肥 1500 千克，混入过磷酸钙 25～30 千克、硫酸铵 10 千克，施肥后盖沟浇水。植株雌花开放前后要控制水肥，水肥太大容易落花落瓜。抽蔓结束摘心定瓜后，果实开始旺盛生长，需要加强追肥。追肥的原则是前轻后重，先稀后浓。追肥的种类主要是人粪尿，或每亩施用硫酸铵 15～20 千克，或尿素 7～9 千克。冬瓜采收前 7～10 天，应停止追肥浇水。

四、西瓜施肥技术要点

（一）需肥规律

每生产 1000 千克西瓜，需吸收氮 1.94 千克、五氧化二磷 0.39 千克、氧化钾 1.98 千克。

（二）营养土配制

配制方法有以下几种。

①280 千克干稻田土，加入 10 千克鲜人粪尿、3～4 千克鸡粪、1 千克过磷酸钙、5～6 千克草木灰，拌匀后用薄膜密封堆沤 80 天左右。

②用火土灰 180 千克，加入稻田或旱地干表层土 100 千克、0.2 千克尿素、0.8 千克复合肥、猪粪 19 千克，拌匀堆怄，薄膜密封 80 天左右。

③稻田或旱地干表土 240 千克，加入草木灰或火土灰 30 千克、人粪尿 13 千克、猪牛粪 16 千克、过磷酸钙 1 千克，拌匀堆沤，薄膜密封 80 天左右。

土或肥料要过筛，营养土的配制应在播种前 60～80 天准备，每亩大田西瓜需要营养土400～600千克。

（三）基肥施用

在土质贫瘠的山坡丘陵地区，应将腐熟的有机肥施入定植行内或穴内。黏土要重施基肥。沙壤土基肥宜集中穴施。每亩有机肥3000～5000千克，分两次施用，1/3铺施，其余集中施入播种畦或瓜沟中，并结合施入过磷酸钙20～40千克、饼肥70～100千克、尿素40～50千克、草木灰50～80千克或硫酸钾3～4千克。西瓜是忌氯作物，不要施用氯化钾。春大棚基肥，每亩施腐熟有机肥1000千克、饼肥90～120千克、复合肥30千克、尿素10千克，或施饼肥150～200千克、硫酸铵15～20千克、硫酸钾10～12千克。以定植行为中心开沟集中施入。

（四）追肥施用

①露地追肥。当西瓜开始伸蔓时，每亩施入饼肥75～100千克，或大粪干500～750千克，同时加入3～5千克尿素，距根部15～20厘米沟施或穴施，施肥深度以10～15厘米为宜，早熟品种或生长势较弱的品种，追肥期应适当提前。幼瓜坐稳后，每亩施入速效复合肥20～25千克；或尿素10～15千克，硫酸钾10千克，穴施或溶化后随水冲施。在果实定个后，可施氮磷复合肥10千克、钾肥10千克，有利于提高西瓜品质，二次瓜坐住后，追施氮磷复合肥15千克。

②春大棚追肥。从定植到伸蔓前，一般不追肥，若底肥不足，可每亩每次用稀薄的腐熟粪肥150～300千克轻浇2～3次，结合松土晒干表土后进行，如果覆盖地膜或连续阴雨天，可在根际处挖洞，每亩撒1千克尿素或硫酸铵。当植株具5片真叶后开始伸蔓，根据气候条件及植株长势，在距根部约50厘米处开沟施肥或挖洞穴施，每亩用饼肥40～60千克，或腐熟的鸡、鸭粪400～800千克，若用腐熟的土杂肥，应增加三元复合肥10～15千克。多数植株坐果，幼

果有鸡蛋大小时重施结果肥，在距根一侧约 40 厘米左右开沟或挖洞施饼肥 40～60 千克，或硫酸铵 10～15 千克、硫酸钾 5 千克。应根据生长势灵活掌握，可分次施入。

（五）叶面追肥

常用肥料：0.2%～0.3%的磷酸二氢钾、0.4%～0.5%的硫酸钾、0.4%～0.5%的过磷酸钙、0.3%～0.5%的尿素或硫酸铵溶液等。

五、芹菜施肥技术要点

（一）需肥规律

每生产 1000 千克产品需氮 1.8～2 千克、磷 0.7～0.9 千克、钾 3.8～4.0 千克。

（二）苗肥

其营养土配制方法为，用 3 年内未种过芹菜的园土与优质腐熟有机肥混合，其比例为(3～5)∶(5～7)，加适量三元复合肥。育苗床土用 50%多菌灵可湿性粉剂与 50%福美双可湿性粉剂按 1∶1 混合，或用 25%甲霜灵可湿性粉剂与 70%代森锰锌可湿性粉剂按 9∶1 混合消毒，每平方米用药 8～10 克与 15～30 千克细土混合，取 1/3 撒在畦面上，播种后再把其余 2/3 药土盖在种子上。当幼苗 2～3 片真叶时，追施少量化肥。

（三）基肥

生产上以基肥为主，占总施肥量的 80%左右，中等肥力土壤按每亩用优质腐熟有机肥 3000～5000 千克、三元复合肥 40～50 千克，缺硼地块底施硼砂 5～10 千克。施肥后深耕 20～30 厘米。

（四）追肥

定植时或缓苗后应少施速效性氮肥，每亩开沟追施硫酸铵 15～

20 千克。蹲苗结束后，每隔 10 天追肥 1 次，结合浇水，以水冲肥，每次每亩用腐熟人粪尿 1000 千克或尿素、硫酸钾各 10 千克。追肥 2～3 次。

（五）叶面肥

为防止后期缺硼症，可在生长中期用钙镁磷肥浸出液或 0.3%～0.4%的硼砂喷施。收获前 15～20 天，可叶面喷施一次浓度为 20～50 毫克/千克的赤霉素。夏季栽培芹菜不宜施用人粪尿等，以免引起烂根。

（六）气肥

大棚芹菜增施二氧化碳，可使植株增高，茎盘和叶柄增粗，促进产量提高。一般采用稀硫酸与硫酸氢铵发生化学反应，使用时期可从缓苗开始，连续施放 40～60 天（阴雨天停放），每亩保护地内每天一次性增施 1～2 千克二氧化碳（CO_2）。其浓度晴天以不超过 1500 微升/升，阴天 500～800 微升/升。

六、豇豆施肥技术要点

（一）需肥规律

适当多施基肥，整个生长期需磷肥最多，钾肥次之，氮肥最少。

（二）苗期施肥

一般可将腐熟鸡粪 2 份、猪粪 2 份、园田土 4 份，充分混匀后过筛，装在营养钵内。配制好的营养土均匀铺于播种床上，厚度 10 厘米。

（三）施足基肥

豇豆不耐肥，如果前茬作物施肥量较大，或土壤本身比较肥沃，则基肥可适当少施；如果土壤本身比较贫瘠，则基肥应适当多施。在早春栽培豇豆时应特别注意多施有机肥。施前深翻 25～30 厘米，畦中开沟，每亩埋施有机肥1500千克，碳酸氢铵30～40千克，过磷酸钙20～25千克，硫酸钾20～25千克，缺硼田地每亩应加硼砂2～2.5千克，然后覆土。

（四）巧施追肥

一般在生长前期根据豇豆生长情况给予适当追施有机肥。第一次追施在结荚初期，以后每隔7～10天追一次，追肥2～3次，每次亩施氮钾复合肥15～20千克，用水量为400～500千克。豇豆生长早期，可追施硝态氮肥，但末次追肥应改用氮钾复合肥或尿素。

从开花后可每隔10～15天喷0.2%磷酸二氢钾进行叶面施肥。采收盛期结束前的5～6天，继续给植株以充足的水分和养分，促进植株自基部向上继续开花结荚。为了促进早熟丰产，还可根外喷施0.01%～0.03%的钼酸铵和硫酸铜。

七、菜豆施肥技术要点

（一）需肥特点

菜豆生育期内吸收钾肥和氮肥较多，其次为磷肥，每生产1000千克菜豆需氮3.37千克，磷2.26千克，钾5.93千克。另外适当喷施硼、钼等微量元素对植株的生长发育也有促进作用。菜豆全生育期每亩施肥量为农家肥2500～3000千克（或商品有机肥350～400千克），氮肥(N)8～10千克，磷肥(P_2O_5)5～6千克，钾肥(K_2O)9～11千克。有机肥作基肥，氮、钾肥分基肥和2次追肥，磷肥全部作基肥。化肥和农家肥（或商品有机肥）混合施用。一般中等肥力田，每亩目标产量1500～2000千克，可按如下方案进行基施和追施肥料。低肥力田在此基础上略增加，高肥力田适当减少用量。

（二）基肥

一般中等肥力田，每亩目标产量1500～2000千克，可施用农家肥2500～3000千克（或商品有机肥350～400千克），尿素3～4千克，磷酸二铵 11～13 千克，硫酸钾 6～8 千克。

（三）追肥

抽蔓期每亩施尿素 6～9 千克，硫酸钾 4～6 千克；开花结荚期每亩施尿素 5～7 千克，硫酸钾 4～6 千克。

（四）根外追肥

结荚盛期，用 0.3%～0.4%磷酸二氢钾或微量元素肥料叶面喷施 3～4 次，每隔 7～10 天施 1 次，设施栽培可补充二氧化碳气肥。

八、番茄施肥技术要点

（一）需肥规律

生产 5000 千克果实需从土壤中吸收氮 17 千克、磷 5 千克、钾 26 千克。

（二）营养土配制

①播种床土。肥沃菜园土 6 份，腐熟有机肥 3 份，砻糠灰 1 份，再加入 0.1%（重量比）的进口复合肥，忌用尿素，园土黏性较大时，可加适量细砂。

②移苗床土。肥沃园土 2/3，腐熟有机肥 1/3，每立方米床土加硫酸铵 0.3～0.4 千克，过磷酸钙 2～3 千克，适量的草木灰。

床土配好后应在夏季 6～7 月间经过堆腐，秋季翻堆，再过细筛。苗床应分层填土。在播种床上先铺 7 厘米厚的床土，浇一次透水，水渗下后，再铺一层 3 厘米厚的床土。播种前再在苗床上浇一次小水。播种完后盖 1 厘米左右的细土。

（三）苗期施肥

对早熟、特早熟品种，如果生育后期养分不足，可结合浇水追施腐熟淡粪水，或 0.1%～0.2%的尿素，或 0.1%磷酸二氢钾。如果是温室内育苗，可以增施二氧化碳。

（四）基肥

每亩施入腐熟农家肥8000千克左右，复合肥40～50千克或过磷酸钙50～75千克、硫酸铵30千克。2/3耕地时施入，1/3施入定植行内。磷肥最好和畜粪及各种有机肥堆沤后使用。

春大棚栽培，基肥一般每亩施腐熟有机肥4000～5000千克，或腐熟鸡粪2000～3000千克，磷酸二铵15～20千克，硫酸钾10千克。

秋季大棚栽培，基肥用量为每亩腐熟有机肥2000千克左右，过磷酸钙15千克。在哇中间沟施过磷酸钙15千克，钾肥15千克，尿素10千克，或施复合肥25千克。

（五）追肥

①露地追肥。定植后10～15天的发棵期，结合浇水每亩追施人粪尿500千克，或硫酸铵10千克。追肥后立即中耕培土，适当蹲苗。第一穗果开始膨大时第二次追肥，每亩施硫酸铵20千克、过磷酸钙8千克，或人粪尿800千克，草木灰50～80千克(干重)，但草木灰不可与含氮的肥料混施。第一穗果采收，第二穗果膨大时第三次追肥，每亩施硫酸铵15～20千克，或人粪尿1000千克。以后每采收一次果实，随水追施速效氮肥每亩10千克左右。

②大棚追肥。春大棚栽培，定植后一般不施缓苗肥。坐果前控制施肥，当第一穗花开花坐住果后，果实核桃大小时，结合浇水第一次追肥，一般每亩施复合肥或硫酸铵10～15千克。到第一穗果采收、第二穗果膨大、第三穗果坐住时，进行第二次追肥，施复合肥或硫酸铵15～20千克或尿素10千克加硫酸钾10千克。一般只追2次肥即可。

秋大棚栽培，第一穗果坐住，果实核桃大小时，第一次追肥，每亩施用硫酸铵10千克。当第二穗果膨大时，第二次追肥，每亩施硫酸铵10～15千克，磷酸二铵10千克，硫酸钾10千克。第三穗果膨大时，第三次追肥，施硫酸铵10～15千克。

（六）叶面施肥

当植株表现缺肥症状时，可喷施0.2%的磷酸二氢钾。出现番茄脐腐病，喷施0.5%的氯化钙溶液。苗期生育后期养分不足，可叶面喷施0.1%～0.2%的尿素。喷磷时，一般使用过磷酸钙浸出液，方法是1.5千克过磷酸钙，加水5千克（要求50℃左右的热水），不断搅动，放一昼夜后，取上层澄清液，再加水50千克，即成3%的过磷酸钙浸出液。喷洒时要求叶面、叶背都要喷到，最好在傍晚进行。

（七）保护地二氧化碳施用

二氧化碳达到0.08%～0.15%时，产量最高。生产上常用硫酸与碳酸氢铵反应释放出二氧化碳。

九、辣椒施肥技术要点

（一）需肥规律

辣椒为吸肥量较多的蔬菜类型，每生产1000千克约需氮5.19千克、五氧化二磷1.07千克、氧化钾6.46千克。

（二）营养土配制

幼苗床土配制，用腐熟草炭5份，腐熟马粪或猪粪渣3份，田土2份；或腐熟马粪5份，腐熟大粪干2份，田土3份。土壤酸度较高时可加入适量石灰，黏重时可加入适量的细砂。假植床土配制，用1/2的田土、1/4草炭、1/4腐熟马粪或猪粪渣混合而成，并在每立方米营养土中加入3千克速效化肥。

（三）苗期追肥

苗床施肥以基肥为主，控制追肥，在假植之前一般不追肥，当幼苗展开1～2片真叶后，如床土不够肥沃，秧苗表现缺肥时，可追施10%的充分腐熟的人粪尿水，或0.1%的尿素，配合施用少量的磷钾肥，床土肥沃的可少施或不施追肥，浓度不宜过大，追肥后随即用清水将沾在叶片上的粪水冲洗掉，追肥应在晴天中午前后进行。带水施肥后，应使幼苗叶片上水珠干后方可闭棚。

（四）大田基肥

基肥以有机肥为主，亩用腐熟有机肥3000～5000千克、过磷酸钙50～80千克、饼肥50～100千克，2/3铺施，1/3施入定植沟内。大棚栽培施基肥量要大，一般每亩施入优质农家肥7500千克、饼肥300千克、过磷酸钙60千克、碳酸氢铵50千克。

（五）追肥

①露地栽培追肥。生长前期，每隔5～6天浇一次小水，随水冲入少量的粪稀。到7月份后，以化肥为主，分3次追施化肥，门椒收获后，结合培土第一次追肥，每亩施尿素10～15千克，对椒迅速膨大时第二次追肥，施尿素10～15千克，在第三层果迅速膨大时第三次追肥，每亩施尿素20～25千克。过了8月份，可浇水时随水冲施粪稀，追施化肥以穴施为主，将肥料埋入土下，根际5～10厘米处，如果施肥时土不是很干，可先不浇水，过两天后再浇水。

②早春大棚栽培追肥。当门椒果实达到2～3厘米大时，及时浇水追肥，每亩施腐熟人粪尿500～1000千克或硫酸铵15～25千克，施完肥后及时中耕。门椒采收，对椒长到2～3厘米大时，施硫酸铵10千克、硫酸钾10千克，也可喷施过磷酸钙浸出液。第三层果实已经膨大，第四层果已经坐住，进入采收高峰，加大追肥量，每亩施硫酸铵20千克、硫酸钾10千克，结果后期再追肥浇水2～3次。前期追肥，可穴施，也可撒施，注意离根系远点。后期追肥随水浇施。

（六）二氧化碳施肥

棚栽辣椒施用二氧化碳肥，从初花期始连续用15天以上为宜，浓度以晴天750毫克/升，阴天550毫克/升较好。

（七）微量元素的使用

一般酸性土容易缺钙，可亩施 50～70 千克石灰，还可起到改良土壤，中和酸性，释放土壤潜在养分的作用。进入果实采收盛期，镁吸收量增加，缺镁时，可用 1%～3%的硫酸镁或的硝酸镁，每亩喷施肥液 50 千克左右，连喷几次。缺硼时，可用 0.1%～0.25%的硼砂或硼酸溶液，每亩每次喷施 40～80 千克溶液，6～7 天一次，连喷 2～3 次。

十、茄子施肥技术要点

（一）需肥规律

每生产 10000 千克果实，需吸收氮 30 千克、磷 6.4 千克、钾 55 千克、钙 44 千克。

（二）营养土配制

床土一般用园土、厩肥和速效化肥配制。园土 6 份加厩肥 4 份混匀，每立方米粪土加鸡粪 25 千克、硫酸铵 1 千克、草木灰 15 千克或硫酸钾 0.25 千克。厩肥和鸡粪使用前必须充分腐熟。园土和厩肥使用前过筛。分苗苗床土的土和粪的比例为 7∶3。育苗床土和分苗床土配好后进行消毒。

（三）苗期追肥

幼苗期尽量少施追肥，如果床土不够肥沃，秧苗出现茎细、叶小，色淡带黄等缺肥症状时，选晴天上午 10～12 时，用稀释 10～12 倍的腐熟人粪尿或猪粪尿追肥，追肥后立即用喷壶或清水洗掉沾在茎叶上的粪液，开窗或搁窗通气几小时。用化肥做追肥不可过浓，一般硫酸铵浓度 0.2%～0.3%，尿素 0.1%～0.2%，最好用复合肥，也可叶面喷施 0.2%的磷酸二氢钾，补充养分。如秧苗徒长，可喷矮壮素 20～50 毫克/千克。

(四)基肥

一般每亩施用有机肥5000千克、磷肥50千克全部作为底肥施入，过磷酸钙最好与有机肥堆沤后再用。再加入硫酸铵10千克、硫酸钾10千克，随有机肥一次施入、深耕。将2/3的基肥铺施，深翻作畦，1/3施入定植沟内。保护地基肥，每亩施用腐熟有机肥6000千克，如果是旧棚可以减少施用量，加施20～30千克硫酸钾，有机肥和钾要全面撒施，随后翻入土中，充分混合。

(五)露地追肥

定植后，到门茄坐住前，一般不提倡追肥，若秧苗素质差，可在成活后至开花前，一般在定植后4～5天，轻施淡施提苗肥，结合中耕进行，晴天土干，可用2～3成浓度的人畜粪点蔸，阴雨天可追施尿素，每亩10～15千克，或用4～5成浓度的人畜粪点蔸，每隔3～5天追肥一次直至开花前。开花后至坐果前，应严格控制肥水供应。门茄坐住，幼果直径3～4厘米时，应每亩施入硫酸铵15～20千克或尿素8～10千克，在根际处开沟或开穴施入，施后当天不浇水，待2～3天尿素转化为植株可吸收状态再浇水。门茄采收，对茄果实长到4～5厘米左右时，应追施硫酸铵20千克，或尿素10千克，硫酸钾5千克，沟施或穴施。

当四门茄已长到4～5厘米时，追肥量应以茄子的生长状况而定，如果植株长势旺盛，结果多，可顺水追施硫酸铵20千克左右，一般情况，施入硫酸铵15千克即可。如天气干旱雨水较少，每隔5～7天随水追施少量粪稀。原则上每采收一次，应追肥一次。

(六)保护地追肥

定植后至开花着果期一般不需要施肥，主要加强温度管理。如果茄秧茎较细、叶小、色淡、花小，可叶面喷施0.2%的尿素或磷酸二氢钾。门茄坐住后，每亩施入硫酸铵20千克，沟施或穴施。门茄采收后，随水施入尿素15千克或大粪稀1000千克。对茄进入采收期，应每隔7～8天浇一次水，每隔一次水施一次肥，有机肥与化肥交替使用，施用量为硫酸铵15～20千克或大粪稀1000千克。对茄采收后加施硫酸钾10千克。大棚浇水施肥后，要立即放风2小时，以排除氨气和湿气。采收盛期还可采用叶面喷施0.3%尿素，0.1%～0.2%的磷酸二氢钾。

（七）二氧化碳施肥

保护地茄子栽培，可从结果期开始进行二氧化碳施肥，一直持续到揭膜或拉秧。利用硫酸与碳酸氢铵定量反应，释放出定量二氧化碳。

（八）微量元素施用

缺镁时，可叶面喷施0.5%～0.的硫酸镁溶液。缺锌后，可叶面喷施0.5%硫酸锌水溶液，每隔10～15天喷一次。缺硼，可向土中施用含硼化合物，或叶面喷施。缺钙，可在整地时，每亩撒施石灰150～250千克。

十一、大白菜施肥技术要点

（一）需肥规律

每1000千克大白菜约需要吸收氮2.5千克、五氧化二磷0.94千克、氧化钾2.5千克。大白菜全生育期每亩施肥量为农家肥2000～2500千克（或商品有机肥300～350千克）、氮肥13～18千克、磷肥5～8千克、钾肥10～14千克。有机肥作基肥，氮钾肥分基肥和二次追肥，磷肥全部作基肥’化肥和农家肥（或商品有机肥）混合施用。

（二）基肥

一般每亩施农家肥2000～2500千克（或商品有机肥300～350千克）、尿素4～5千克、磷酸二铵11～17千克、硫酸钾6～7千克、硝酸钙20千克。可以撒施，也可按行距开沟，将肥料集中施在沟内并与土壤混匀。定苗后施有机肥，可以起到弥补基肥不足的作用。

（三）追肥

莲座期每亩施尿素 10～12 千克，硫酸钾 7～9 千克；结球初期每亩施尿素 10～12 千克，硫酸钾 7～9 千克。

（四）根外追肥

在生长期喷施 0.3%氯化钙溶液或 0.25%～0.5%硝酸钙溶液，可降低干烧心发生率。在肥力较差的土壤上，在结球初期喷施 0.5%～1%尿素或 0.2%磷酸二氢钾溶液，可提高大白菜的净菜率，提高商品价值。

十二、结球甘蓝施肥技术要点

（一）需肥规律

结球甘蓝产量高，喜肥耐肥，每 1000 千克产量需吸收氮4.1～6.5 千克、五氧化二磷 1.2～1.9 千克、氧化钾 4.9～6.8 千克。甘蓝全生育期每亩施肥量为农家肥 2500～3000 千克（或商品有机肥 350～400 千克）、氮肥 15～18 千克、磷肥 6～7 千克、钾肥 8～11 千克。有机肥作基肥，氮、钾肥分基肥和 3 次追肥，施肥比例为 2∶3∶3∶2。磷肥全部作基肥，化肥和农家肥（或商品有机肥）混合施用。

（二）基肥

一般每亩施用农家肥 2500～3000 千克（或商品有机肥 350～400 千克）、尿素 4～5 千克、磷酸二铵 13～15 千克、硫酸钾 5～7 千克。60%的有机肥在田间做畦时撒施，40%的有机肥在幼苗定植时进行沟施或穴施。为了防止雨季发生肥料流失而缺肥，夏季栽培甘蓝，更要重视基肥的施用。

（三）追肥

莲座期每亩施尿素 7～8 千克、硫酸钾 3～5 千克；结球初期每亩施尿素10～12千克、硫酸钾4～6千克；结球中期每亩施尿素7～8千克、硫酸钾3～5千克。

（四）根外追肥

在结球初期可叶面喷施0.2%磷酸二氢钾溶液及中、微量元素肥料。缺硼或缺钙情况下，可在生长中期喷2～3次0.1%～0.2%硼砂溶液，或0.3%～0.5%氯化钙或硝酸钙溶液。设施栽培可增施二氧化碳气肥。

十三、萝卜施肥技术要点

（一）需肥规律

在整个生育周期内，吸收钾素最多，每生产1000千克萝卜需吸收氮2.1～3.1千克、磷0.8～1.9千克、钾3.1～5.8千克，其比例约为1∶0.2∶1.8。

（二）基肥

在播种前结合深翻，一般每亩施用腐熟有机肥2500～3000千克，过磷酸钙25～30千克、草木灰50千克、硼肥0.5千克，全层撒施并深耕，翻入土层，而后再施腐熟人粪尿2500～3000千克，耕入土中，耙平做畦。提倡有机肥与无机肥配合施用，偏施化肥易生苦味。在施基肥时，增施一定数量的饼肥，可以使肉质根组织充实，贮藏期间不易空心。

（三）追肥

第一次追肥通常在2～3片真叶展现时进行，追肥要求轻施，每亩追施尿素4千克，开沟条施或穴施。第二次追肥，在第一次追肥后15天前后，萝卜生长已进入莲座期，每亩追施尿素6.25千克左右，硫酸钾5.5千克。氮、钾肥应分开施或施在不同的位置。肉质根生长盛期可进行第三次追肥，以钾肥为主，配合追施少量氮肥，每亩施钾肥5千克左右，氮肥用量同上次或略少点，开沟条施或穴施。氮肥应视植株长势酌情增减，防止氮肥施用过多或过晚，使肉质根破裂或产生苦味，影响萝卜品质。

大型秋冬萝卜生长期长，待萝卜露肩时每亩追施硫酸铵 15～20 千克，露肩后每周喷 1 次 2%～3%的过磷酸钙，有显著增产效果。

（四）微肥

在新垦地和酸性土壤上种植萝卜，要适量施用石灰，且每 1000 平方米全面撒施 1～1.5 千克硼砂，深耕入土，防止发生缺硼症。在萝卜生长过程中，如遇土壤干旱，土壤盐分浓度过大，过量施用氮、钾肥等，容易出现缺素症，最好用 0.5%以下的氯化钙溶液，0.2%～0.3%的硼酸或硼砂溶液进行叶面喷肥，共喷两三次。

十四、胡萝卜施肥技术要点

（一）需肥规律

需钾最多，氮次之，磷较少。每生产 1000 千克肉质根，需氮 4.1～4.5 千克、五氧化二磷 1.7～1.9 千克、氧化钾 10.3～11.4 千克、氧化钙 3.8～5.9 千克、氧化镁 0.5～0.8 千克，三要素之比为 4.3∶1.8∶0.8。

（二）基肥

耕前施足基肥。每亩施腐熟厩肥和人粪尿 2500～5000 千克、复合肥 15～20 千克、草木灰 100 千克。如果仅用化肥，每亩可用硫酸铵 20 千克、过磷酸钙 30～40 千克、硫酸钾 30～35 千克。施肥方法有撒施和沟施，均应与土掺均。化肥用量多而有机肥用量少时’畸形根比重会增加；增施腐熟有机肥作基肥，可以减少畸形肉质根的形成。若施用未腐熟的有机肥，则易增加畸形根。

（三）追肥

胡萝卜主要靠基肥，一般不追肥，若基肥不足时，根据苗情，可适量适期追肥。追肥以速效肥为主，第一次在出苗后 20～25 天，有3～4片真叶时，每亩可追施硫酸铵5～6千克、钾肥3～4千克；第二次追肥在胡萝卜定苗后进行，每亩用硫酸铵7～8千克、钾肥4～5千克；第三次追肥在根部膨大期，用肥量同第二次追肥，也可每亩施腐熟人粪尿1000～2000千克。追肥方法，可以随水灌入，也可以将人粪尿加水泼施，生长后期和快收获前应严禁肥水过多，否则易造成裂根，也不利于贮藏。

（四）微肥

采收前25～30天，用磷酸二氢钾每亩3千克加水125千克进行根外追肥。如果胡萝卜新叶的生长受阻，叶变褐枯死，可用0.3%～0.5%的氯化钙溶液喷施叶面。缺硼会导致根表面粗糙不光滑，降低产品品质，一般可在幼苗期和莲座期、肉质膨大期，各喷1次0.1%～0.25%的硼砂或硼酸溶液。喷施选择在阴天或晴天无风的下午到黄昏进行。

十五、花椰菜施肥技术要点

（一）需肥规律

生产1000千克花椰菜需吸收氮10.8～13.4千克、磷2.1～3.9千克、钾9.2～12.0千克，在整个生长期内吸收氮、磷、钾的追肥2～3次。第一次追肥在莲座期(9～11叶时)结束后，每亩追尿素15千克、氯化钾10千克，或随水冲施腐熟人粪尿100～150千克，并叶面喷施0.5%～1%的硼砂和0.01%的钼酸铵；第二次在现蕾前，每亩撒施三元复合肥15千克，或腐熟饼肥100千克，同时叶面喷施多元微肥；第三次在现蕾后，花球直径达4～5厘米时，每亩施尿素15千克、氯化钾8千克，或追施腐熟粪尿肥2000千克。叶面喷施0.5%的尿素效果好。

十六、大蒜施肥技术要点

（一）需肥规律

每生产 1000 千克大蒜，需吸收氮 5.1 千克、磷 1.3 千克、钾 1.8 千克，其养分吸收比例为 3.92∶1∶1.38。

（二）基肥

大蒜根系浅，根毛少，吸收养分能力弱，对基肥质量要求较高。施用前，要使有机肥充分腐熟，并将其捣碎拌匀，以防止未腐熟的生粪导致蒜蛆为害。常用的农家肥有人粪尿、猪粪尿，鸡、鸭粪和饼肥等。一般每亩施用猪粪尿 2500～3000 千克。用化肥做基肥的，每亩施硫酸铵 30～35 千克，或尿素 10～15 千克，将肥料施入沟中，再覆土盖好。南方酸性土壤，可在基肥中加入适量石灰。

（三）追肥

对秋播大蒜，在幼苗期、越冬前要各追肥一次，施用的肥料可以用人粪尿或化肥等。一般每亩施用腐熟人粪尿 1000～2500 千克，或追施硫酸铵 15～20 千克，或尿素 7～9 千克，随水追施。如果大蒜幼苗生长旺盛，可以不追肥，以防止冬前幼苗过旺。越冬时要覆盖麦草或稻草，撒施土杂肥、塘泥等，每亩施用 5000～7000 千克，可使第二年植株抽薹早，蒜瓣大，蒜头重。春季温度上升后，为满足春发阶段对养分的需求，要及时追施一次春肥，可施用人粪尿或化肥。抽薹时再每亩追施硫酸铵 20～25 千克，或尿素 9～12 千克。施入抽薹肥后 1 个月，大蒜的鳞芽进入发育旺盛期，需要养分量较大，这时要追施一次速效性肥料，每亩可施用猪粪尿 3000～4500 千克，或硫酸铵 18～20 千克，或尿素 8～10 千克，可促使大蒜早抽薹，提高蒜薹和蒜头的产量与质量。大蒜施肥时，要注重两个关键期的施肥，一是催苗肥，以促进大蒜叶片生长，二是催头肥，以促进大蒜鳞茎的膨大。

十七、大葱施肥技术要点

（一）需肥规律

每生产1000千克大葱，需吸收氮2.7～3.3千克，磷0.5～0.6千克，钾3～3.7千克，其养分吸收比例为5.45∶1∶6.09。除大量元素外，施用中、微量元素钙、镁、硼、锰元素肥料，都对大葱的生长发育有一定促进作用。

（二）苗肥

播种前，在育苗畦中施入腐熟的有机肥，一般每亩施厩肥或堆肥2000～3000千克，过磷酸钙40～60千克，施后深翻，耙平耧细并做畦。为使幼苗安全过冬，在封冻前要浇一次水。几天后，在畦面上撒施细碎的马粪或土杂肥，厚约1厘米，以便防冻保墒。返青间苗后，每亩可撒施土杂肥2000～3000千克，或追施硫酸铵10～15千克，或尿素5～7千克。

（三）基肥

在大葱定植前，要施足基肥。一般每亩可撒施厩肥4000～5000千克，深耕后使土肥充分混合均匀，平整好后，按行距开沟，每亩施用饼肥100～150千克，或人粪尿1000千克，然后将土肥混匀翻松，进行定植。

（四）追肥

立秋后要及时追肥，将有机肥和速效化肥配合施用。第一次追肥，每亩施用土杂肥4000千克于垄背上，或施用饼肥150千克、火土肥3000千克，施用后随即浅锄一次，并浇一次水。15天后，进行第二次追肥，每亩施用腐熟人粪尿750千克，或追施硫酸铵20～25千克、过磷酸钙10～20千克、硫酸钾10～20千克。施肥后，结合深锄进行培土，然后浇水。25～30天后，进行第三次追肥，每亩施用硫酸铵15～25千克或尿素7～10千克，追肥后浇水并培土。

十八、生姜施肥技术要点

（一）需肥规律

生姜全生育期吸收钾最多，氮次之，磷最少。每生产 1000 千克鲜姜约需吸收氮 10.4 千克、磷 2.64 千克、钾 13.58 千克，其养分吸收比例为 3.9∶1∶5.1。

（二）基肥

生姜耐肥，一般在耕地时每亩用腐熟优质厩肥 5000～8000 千克，随即翻入土中。将地做好垄，在播种前，再在沟中施种肥，一般每亩施饼肥 75 千克、复合肥 15～20 千克，与土混匀，浇水、播种。也可采用“盖粪”的施肥方法，即先摆放姜种，然后盖上一层细土，每亩再撒入 5000 千克农家肥或少许化肥，最后盖土 2 厘米左右。

（三）追肥

一般发芽期不需要追肥。苗高 25～30 厘米并具有一个或两个小分杈时（一般于 6 月中下旬）第一次追肥，亩施尿素 4 千克左右，或磷酸二铵 20 千克左右，开沟施入，或浇水时随水冲入。姜苗处于三股杈时期，于立秋前后结合拔除姜草、拆除姜棚或地膜追肥，一般每亩施饼肥 75 千克，或腐熟优质粪干 500 千克，另加复合肥 25～50 千克，于姜沟北侧（东西向沟）或东侧（南北向沟）距植株基部 15～20 厘米处开深沟施入，肥土混合后覆土封沟，使原来生姜植株生长的沟变为垄，垄变为沟，最后浇透水。9 月上中旬，姜苗具有 6～8 个分杈时，为防早衰，一般每亩施复合肥 30 千克。追肥时，可在垄下开小沟施入，亦可将肥料溶解在水中顺水冲入。

（四）微肥

在生长后期，对于缺锌或缺硼土壤，每亩施硫酸锌 2 千克、硼砂 1 千克。也可以在播种前作基肥施入。

十九、莲藕施肥技术要点

（一）需肥规律

藕对氮、磷、钾三要素的要求并重。一般子莲类型的品种，对氮、磷要求多，而藕类型的品种，对氮、钾要求多。

（二）基肥

新开藕田应先耙平翻，并巩固田埂，在栽植前半个月将基肥施下，及时耙平。栽藕前一两天再耙一次，使田土成为泥泞状态，土面平整，以免灌水后深浅不一。连作藕田的基肥施用量一般每亩施绿肥 3000 千克，粪肥 4000 千克。施肥后深耕 20～30 厘米，耕细耙平，放入浅水。

（三）追肥

一般藕田均需要分期追肥，在生长初期，植株长出几片立叶时，追施发棵肥，一般在栽植后 30～40 天施用。每亩施腐熟粪肥 130 千克左右或尿素 13 千克，以促进分枝出叶。当田间长满立叶，部分植株已出现高大叶片时，表明地下茎已经开始结藕，此时需要补充营养，追施结藕肥，一般每亩施尿素 23 千克，过磷酸钙 13 千克。另外，缺钾的土壤还应补充钾素。除上述两次施肥外，如果植株生长缓慢，还要在两次中间增加一次施肥，即间隙肥，施肥量略少。追肥前应放干田水，保持土壤湿润状态。施肥应在早晨露水干后进行，以免化肥残留在叶面上，造成灼烧。

二十、茭白施肥技术要点

（一）需肥规律

每生产 1000 千克夏鲜茭白，需吸收氮 14.9 千克、五氧化二磷 3.7 千克、氧化钾 14.1 千克，其养分吸收比例为 4.03∶1∶3.81。每生产 1000 千克秋鲜茭白，需吸收氮 13.7 千克、五氧化二磷 3.0

千克、氧化钾 13.7 千克，其养分吸收比例为 4.57∶1∶4.57。茭白吸收氮和钾较多，而吸收磷较少。

（二）基肥

结合冬季深翻每亩施用河泥 5000～10000 千克。翌年整地时，每亩施入腐熟的人畜粪尿 2000 千克，或厩肥或绿肥 3500～4000 千克作基肥。施入后捣碎耙平，做到泥烂、肥足和地平，并打实田埂，严防漏水漏肥。暴晒几天后再灌浅水 3 厘米左右，以备栽植。

（三）追肥

茭白的生长期长，分蘖多，可一次种植多次采收。需肥量较大，必须基肥、追肥并重。萌芽前(栽后 7～10 天)施提苗肥，每亩施腐熟厩肥或人粪尿 500 千克，或尿素 5 千克；分蘖初期追施分蘖肥，每亩施腐熟厩肥或人粪尿 2000～3000 千克，或尿素 20 千克。以后停止施肥，防止生长过旺。7 月下旬至 9 月上旬(大暑至白露)新茭的分蘖进入孕茭期，假茎发扁，茭白开始肥大时，追施孕茭肥，每亩施腐熟厩肥或人粪尿 3000～4000 千克，或复合肥 20～40 千克，促进茭白肥大，增加秋茭产量。

第四章　果树化肥减量增效技术

第一节　主要果树养分需求特点

一、我国果树生产及化肥应用现状

（一）我国果树产业发展现状

我国是许多果树的原产地，具有悠久的果树栽培历史，而且自然条件优越，适宜果树生长，栽培果树树种占世界主栽果树树种类型的82%。随着果树产业规模的扩张，特别是大西北的开发，实施山川秀美工程的实施和深入，果树作为经济林所占份额快速增加，生态保护效益日益显现，果树产业的发展促进了我国第一、第二、第三产业的繁荣，很多精品果园亩收入超过万元，而且随着生活水平的逐步提高，果树的文化与休闲功能日益突出，近年各地城郊休闲观光果园迅速发展。我国果树资源丰富，栽培规模大，果品市场总量大，社会经济效益高，在国际市场上的数量优势将长期保持。

（二）我国果树化肥施用现状

从20世纪80年代后期开始，我国果树种植面积不断扩大，增长速度快。由于果树经济价值高，其用肥量要远高于粮食作物，已经成为带动全国化肥用量不断增长的主要动力。大量调研显示，我国果树单位面积氮肥施用量（折纯量）为29.5千克/亩，磷肥用量为16.7千克/亩，钾肥用量为16.6千克/亩，总施用量为62.8千克/

亩，是国外投入量的2～4倍，是推荐用量的2.5倍以上。肥料的过量施用，而且还有不断增加的趋势，是当今果树施肥中最主要的特点。

（三）我国果树施肥中存在的主要问题

（1）化肥施用量大，有机肥投入较少。施肥标准各地很难统一，大多数果农仅凭经验及参考资料施肥，常出现施氮肥过多，造成树旺贪长、成花困难；有的施磷肥过多，造成缺锌症状；有的施钾肥过多，造成缺钙等生理症状。同时，有机肥施入较少，导致土壤有机质下降。施入有机肥的方式也不科学，生产中有很多果农习惯把有机肥撒于树盘中，用铁锨或小型农机进行浅翻，这种施肥方法可使20厘米以内的吸收根获得大量有机营养，对提高果品产量和品质有特殊重要的意义，但连年浅施有机肥易导致根系上浮，这些上浮的根系极易遭受冻害、旱害，从而使树体在根系受害后，变得极度衰弱而难以恢复，甚至有的变成小老树。个别果农甚至采取把有机肥撒于树盘表面的施肥方式，那样效果会更差，不但起不到施肥的作用，而且导致肥力的大量流失。

（2）肥料品种选择搭配不当，营养失衡。果树需要多种元素，其中氮、磷、钾最重要。生产中不少果农只重视施氮、磷，忽视施钾及微量元素，造成果品品质难提高，大小年现象严重。

（3）施肥时间不合理，肥料效率低。不少果农不重视秋施基肥，也不重视分期施肥，直接影响果品品质和产量。秋施基肥的优点：一是果树可在秋季根系生长高峰期吸收贮备、施入的肥料；二是秋施基肥，断、伤根可及时愈合，对树势影响较小。春施基肥则相反，施人的肥料当时不能吸收利用，且断根较多时影响树势，甚至影响坐果和花芽分化。

（4）施肥方法不科学，费工费时效果差。受农作物撒施化肥的影响，许多果农习惯把氮肥撒于表面，甚至磷肥、复合肥也采用撒施法，虽然简便易行，但弊大于利，一是撒施氮肥会造成氮的大量挥发；二是撒施后大量肥料在土壤表层积聚，易被草类吸收，造成浪费；三是幼果期撒施碳铵类肥料，易使幼果被挥发出的氨气损害，形成果锈；四是磷肥及复合肥中的磷素不易移动，撒于表面难以发挥肥效。

二、年周期生长发育与养分吸收特点

（一）果树生命周期生长及需肥规律

(1)幼树期。幼树期是指1～3年生的果树，主要以营养生长为主，此时期主要任务是快速完成树冠、根系骨架的发育及各类枝条的生长和花芽的形成。因此，幼树期对氮素营养要求较大，在施肥上应以氮素营养为主，促其快长树、多发枝，并且加大磷肥的施用，促进枝条成熟和安全过冬，增加中短枝和花芽量，为早产、丰产奠定基础。

(2)初果期。矮化密植果树3～4年，乔化果树4～8年，可达到初果期，此时期是营养生长到生殖生长的转变时期，为了促进由树体生长到结果的转变，达到长树的同时又结果，在施肥上应重视磷、钾肥的施用，并控制氮肥的施用量，以免造成树体徒长、旺长，影响果树丰产。

(3)盛果期。矮化密植果树5～6年，乔化果树9～10年，进入稳定的丰产期，此时期的果树生物量最大，对各种元素的需求量也最大。所以，在施肥上要对各种营养元素平衡供给，除了注意施入大量元素外，还要注意补充一定量的中微量元素。

(4)衰老和更新期。30～40年果树因栽培密度、管理水平和栽培模式的不同产量和质量有所下降，主要表现为根系生长缓慢，新梢生长量小，树冠内膛枝条开始枯死，外围新梢当年虽能形成花芽，但是坐果率低，因此在施肥上要注意氮肥的施用，增施有机肥，氮、磷、钾配合使用，促进多长新枝、新芽，为果树复壮更新、延长盛果期创造条件。

（二）果树年周期生长及需肥规律

（1）春季萌芽至新梢旺盛生长期（3月上旬至5月中旬）。这是果树一年中树体营养器官的建成期，是根系生长第一次高峰期，萌芽、开花、坐果、生枝都需要大量的氮素营养，而此时期果树生长营养的主要来源是靠上一年的贮存营养来生长，因此为了保证当年营养器官的建成，必须注意在上一年秋施基肥时要施入一定量的氮肥，早春补氮则达不到促进营养器官建成的目的，影响花芽形成和果实产量、质量。

（2）幼果膨大和花芽分化期（5月下旬至6月下旬）。此时期果树根系进入第二次生长高峰期即新梢旺盛生长期、幼果膨大以及花芽分化期，是果树生长的关键时期。为了保证当年产量和来年花芽质量、数量，果树施肥应注意多种营养均衡和偏重磷素营养供给，以保证幼果膨大和花芽分化对以磷为主的各种营养的需求。

（3）果实膨大期（8月上旬至8月中旬）。此时期进入果实快速生长期和花芽形态分化期，为了保证有机营养向贮存器官的积累，促进果实生长、着色和提高花芽质量，确保叶片正常生长，在营养供给上应以磷肥为主，保证中微量元素充分供给，尽量控制氮素，防止秋梢旺长。

（4）果实成熟期（9月中旬至10月下旬）。此时期树梢完全停止生长，进入根系第三次生长高峰，这是果树营养累积和养分回流的关键时期，为了给果树生长贮存充足的营养，施肥以有机肥为主，配合一定量的氮、磷、钾和中微量元素，为果树翌年生长奠定充足的营养基础。

三、施肥管理措施

(一)施肥原则

(1)有机肥与无机肥结合。有机肥不仅养分全面，肥效长，持续供肥能力强，更重要的是提高土壤有机质的含量，促进土壤团粒结构形成，缓解土壤板结，提高土壤肥力，活化根系，促进吸收，改土效果好。以腐殖酸为载体的肥料是一种多功能有机肥料，施入土壤后能改良土壤微生物活性，活化土壤养分，使氮、磷、钾等养分缓慢释放。有机质含量为1%的土壤每年每亩可释放氮素5千克，与化肥配合使用，可提高肥效，减少化肥被固定和流失，与单纯施用化肥相比能够提高化肥的利用率。腐殖酸能够活化土壤中的微量元素，促进果树对微量元素的吸收利用。无机肥料养分种类单纯，有效成分含量高，肥效比较快，但是没有改良土壤的作用，甚至会破坏土壤性状。有机肥和无机肥配合使用能够互相增效，但必须以有机肥为主，无机肥为辅。

(2)大量元素与中微量元素结合。由于果树常年产出，养分消耗基本是一个固定值，不管使用的是什么元素肥料，果树必需的元素须全面。随着树龄增加，土壤中如果肥料供应不足或是施肥营养单一，会造成某些元素缺乏，使果实生理病害越来越严重。如缺锌会患有小叶病，缺硼患缩果病，缺铁患黄叶病，缺钙患苦痘病、痘斑病、水心病，缺镁果实发育不良、个头小、成熟晚、无香味、着色差、不耐贮藏等，缺硅易受病害的影响，发生腐烂、干腐、根腐、果腐等。因此，施肥要做到“控氮、减磷、增钾、补钙”，并适量使用中微量元素肥料。

(3)矿质元素与微生物肥、调理剂结合。由于长期使用无机肥料导致土壤板结，使土壤中多数生命物质受到极大破坏，抑制了土壤养分、能量的分解、合成和转化，抑制了土壤有物质的降解。只有向土壤中补充一定数量的微生物菌肥，才可对土壤有改良的作用。

长期施用化肥的果园，增产作用不明显，说明营养物质已经在土壤中产生富集作用，土壤活性已发生改变。肥料和土壤调节剂施入能够提高肥效，减少肥力流失，缓解环境污染，而且还可以降低化肥对土壤的破坏程度，增强作物抗性，改善果实品质，提高果品产量，增加农民收益。

(4)基肥和追肥结合。基肥就是果园中的基础肥料，要求以有机肥为主，施用时间要早，数量要足，养分要全，施得要深，以增加树体贮藏营养为目的。追肥要以速效养分为主，促进长枝长叶、果实膨大、花芽分化、细胞分裂。如要想收获优质苹果，细胞分裂分化中的各种成分都不能缺，这就是秋施基肥的重要性。秋施基肥量一般要占到全年施肥总量的70%，磷、钾、中微量元素与有机肥一同施入，而在春季施入少量氮肥，钾肥也可在果实膨大期施入，就能发挥最大效果。追肥量应该占到总量的30%左右，在生长中、前期分2～3次追施。

(二)施肥量的确定

(1)因产施肥。以苹果为例，每年养分吸收量近似于树体养分含量与第二年新生组织中养分含量之和。有研究表明，苹果树的最佳施肥量是果实带走量的2倍，因此确定苹果施肥量最简单可行的办法是以结果量为基础，并根据品种特性、树势强弱、树龄、立地条件以及诊断的结果等加以调整。

研究表明，每生产100千克果实需要补充纯氮(N)0.5～0.7千克、纯磷(P_2O_5)0.2～0.3千克、纯钾(K_2O)0.5～0.7千克。例如，产量为3 000千克的果园需要补充尿素37.5～52.5千克、过磷酸钙50～75千克和硫酸钾30～42千克。同时，还要考虑氮、磷、钾的配合比例，在渤海湾产区苹果幼树期氮、磷、钾的配比是2∶2∶1或是1∶2∶1，结果期为2∶1∶2；在黄土高原产区，由于干旱少雨，土壤有效磷、速效钾含量较低，施用磷、钾后增产效果显著，氮、磷、钾的配比是2∶1.5∶2。

根据养分平衡法(目标产量法)，在实际生产中，具体的施肥量公式为：

$$每田施肥量=\frac{(每亩目标产量\times单位产量吸收量-土壤供肥量)}{肥料的养分含量发\times肥料利用率}$$

(2)因树施肥。果树常被划分为4种营养类型，即丰产稳产树、弱树、幼旺树和大旺树。丰产稳产树的指标为：树体营养水平高而稳，修剪后每亩枝条为7万～9万，其长枝比例为8%～10%(长度30～40厘米，秋梢占新梢的20%～25%)，中枝20%～22%，短枝70%左右。弱树的指标为：树体营养水平低，长枝少而短(长度20厘米以下，比例不到总枝量的5%)，中枝与短枝比例超过95%，花芽多，但是坐果率和产量低。幼旺树的指标：树体贮藏营养少，长枝占总枝量50%以上，秋梢占新梢72%以上，花果少，多为腋花芽，地下长根多。大旺树的指标为：树体贮藏营养少，枝量大，营养生长旺盛，长枝比例大于15%(长度50厘米以上)，短枝小于20%，其余多为中枝。对旺树必须限制氮肥施用量，一般应减少20%～25%，以平衡树势。树势特别强时，禁止施氮；树势弱时，要迅速恢复树势，必须在增施氮肥和改土的同时，从栽培技术如整形修剪及疏花、疏果等方面入手，以调节树势。

(3)因土施肥。根据果园土壤有效成分与产量品质关系的研究结果制定了果园土壤分级标准。施肥量确定时，土壤有效养分在中等以下时，要增加25%～50%的施肥量，在中等以上时，要减少25%～50%的施肥量。

(三)施肥时期

(1)基肥(9月上旬至10月下旬)。9月上旬到10月下旬这段时间是果树第三次根系生长高峰期，增施有机肥为主的基肥，可为翌年春季萌芽、开花、坐果提供充足养分保证，是实现果树稳产、丰产、优质最重要的物质基础。在果园面积大、有机肥匮乏的情况下，积极推广果园种植绿肥、生草和覆草技术，并投入有机肥。

有机肥施入时间以中晚熟品种来收后、晚熟品种采收前为最佳。中晚熟品种采收后20～30天或是晚熟品种采收前20～30天施入所需要的速效肥料，此时正值果实膨大期，补充一定量的速效肥有利于果实膨大、着色、提高品质，果实采收后立即施入速效肥料，此时正值果树根系生长高峰期，肥料很快被吸收利用。

基肥要以有机肥为主，同时可将全年所需氮肥的50%左右、磷肥的全部和钾肥的35%～50%与基肥一同施入。一般每亩施用优质有机肥4000～5000千克。

(2)追肥。第一次追肥：春季开花前后(3月下旬至4月上旬)。此时期随气温升高，果树根系第一次生长高峰到来，大量吸收土壤中的各种营养，与根系贮存的营养一同运送到枝芽、花器等器官，大量的营养器官开始生长，此时期追施以氮肥为主、磷钾肥配合的速效肥料可增加树体营养，满足果树萌芽、开花、坐果、长新枝等要求。一般每亩施用尿素15～20千克，硫酸钾15千克，过磷酸钙20～30千克，使用后有条件及时浇水。

第二次追肥：夏季花芽分化期(5月下旬至6月上旬)。此时期为果树根系第二次生长高峰期以及花芽分化期、幼果膨大期，追肥以磷肥为主、其他中微量元素肥料配合，可提高细胞液浓度，促进花芽形成和幼果膨大，减轻病虫危害，为当年产量和质量提高和翌年产量增加奠定良好的营养基础。一般每亩施磷酸氢二铵25～30千克、硫酸钾15千克，可追施土壤调节剂或腐殖酸有机无机复合肥。此时期如果干旱要灌水施肥，生草果园应及时割草覆盖树盘。

第三次追肥：秋季果实膨大期(7月下旬至8月上旬)。此时期追肥在于增加果树产量和提高果实品质，促进着色，提高硬度。追肥以速效钾肥为主，施入年总需钾量的35%～50%，追肥时间中熟品种7月上旬、晚熟品种8月上旬比较适宜。一般每亩施用钾肥为主的果树专用肥或复合肥50～75千克，以促进果实膨大、着色，提高品质。

第二节　苹果树减量增效技术

一、苹果树施肥

测定苹果树土壤养分状况，根据土壤肥力应用测土配方施肥技术确定施肥量和施肥方法，或采用推荐施肥量。每亩氮肥用量为24～36千克(折合尿素为52～78千克)，磷肥用量为6.4～9.6千克(折合磷酸二铵为14～21千克)，钾肥用量为12.8～19.2千克(折合硫酸钾为26～39千克)，腐熟的优质农家有机肥料用量为4000～5000千克。

(1)基肥。腐熟的优质农家有机肥料用量为4000～5000千克，全部做基肥，配合适量的化肥。基肥的施用时间一般在上一年的9～10月进行，有利于果树充分吸收利用，确保果树健壮生长。施肥方法一般采用环状沟施法或放射状施肥。施肥沟深度以30～60厘米为宜。

(2)追肥。追肥应以速效化肥为主，根据土壤肥力状况、树势强弱、产量高低以及是否缺少微量元素等来确定施肥种类、数量和次数，每年追肥1～2次。

①花前肥在早春萌芽前进行，肥料以施氮肥为主，配施适量的磷钾肥，以满足花期所需养分，提高坐果率，促使新梢生长。

②花后肥应在花谢后进行，肥料以磷钾肥为主，配施适量的氮肥，以减少生理性落果，促进枝叶生长和花芽分化。

③果实膨大期追肥以施钾肥为主，配施适量的氮磷肥，以增加树体养分的积累，促进果实膨大，确保着色和成熟，提高果品产量和质量。

追肥方法一般采用放射状沟施肥和环状沟施肥法。施肥沟深度一般为15～20厘米，施入肥料后盖土封严，若土壤墒情差，追肥要结合浇水进行。

为了迅速补充果树养分，促进苹果增个、保叶，可采取根外追肥的方法。将肥料溶液喷洒在苹果树叶片上，通过苹果叶片吸收利用，保证苹果正常生长和预防缺素症。追肥时间一般应在 9：00～11：00或 14：00～16：00 进行，避开中午高温阶段，喷洒部位应以叶背为主。尿素在萌芽、展叶、开花、果实膨大至采果后均可喷施，施用浓度早期用 0.2%～0.3%，中后期用 0.3%～0.5%。磷酸二氢钾，喷施浓度早期用 0.2%，中后期用 0.3%～0.4%。

二、苹果树的中量、微量元素失调及矫治

苹果树体中营养元素含量不足或比例失调都会产生营养障碍，引起各种生理病害。矫治苹果树的营养障碍首先应进行树体营养诊断，可依据叶片分析数据来判别树体的营养状况。

(1)钙。苹果缺钙一般施用钙肥加以矫治。生产中可以石膏、石灰、过磷酸钙和其他钙质肥料与有机肥一起作基肥，也可采用根外喷施方法。据研究，采前 8 周以 0.3%硝酸钙水溶液喷施，连喷 4 次，每次间隔一周，可以有效地防治苦痘病。周厚基等试验证明，盛花后 3 周、5 周和采前 10 周、8 周，一年2～4 次对苹果树喷施 0.5%的硝酸钙，可使水心病病果率从 25%下降到 8%。对于水心病的防治除上述方法外，施用硝磷复合肥也可以减轻水心病的发生，单施钾肥有加重水心病的趋势，适时早采也可以减轻水心病的发生。

(2)硼。当苹果叶片含硼量为 0.2～5.1 毫克/千克就可能出现缺硼症。缺硼时，苹果树可以繁花满树而果实稀少，同时，根尖、颈尖受害，新梢尖端枯萎，枝条回枯，严重时可枯死到三年生枝。缺硼时普遍出现“枯梢”“簇叶”“扫帚枝”，果实出现缩果病，果肉和果实表面出现木栓、干斑。但是，硼过量会促进果实早熟并增加落果量，严重时，叶片全部呈褐色、干枯而死。

矫治苹果缺硼，可在盛花期喷 0.2%～0.4%的硼砂溶液。缺硼

严重的树，可在萌芽前向土壤施硼砂，每株施100～250克，施后，可显著增加坐果率，提高单果重和总产量。

(3)铁。苹果叶片中含铁量低于150毫克/千克就可能缺铁，出现缺铁症。苹果缺铁时幼叶首先出现失绿黄化现象。开始叶脉为绿色，叶肉黄化，严重时叶脉也黄化，叶片出现褐色枯斑，最后枯死脱落。缺铁苹果树的树势衰弱，花芽形成不良，坐果率差。

关于苹果缺铁症矫治，至今还没有理想的方法。某些方法常常是治标不治本或仅引起缓解和减轻作用。国外常用的螯合铁有乙二胺四乙酸铁、二乙酸铵五乙酸铁，因价格昂贵，生产上无法广泛使用。国内常用的螯合铁有黄腐酸铁、尿素铁等，喷施螯合铁数次，有较好效果。用0.1%～0.5%乙二胺四乙酸铁注射树干也有明显效果，一星期内黄化叶子可以复绿。硝酸亚铁、硝酸亚铁铵、氨基酸铁、柠檬酸铁，也有不同程度的效果。采用绿肥、有机肥覆盖树干周围的土壤，对矫治苹果树缺铁黄化也有一定的成效。

(4)锌。苹果树缺锌时新梢或枝条生长受阻，出现小叶病，叶片狭窄、质脆、小而簇生。有的枝条只有顶端几个芽眼生出簇叶，其他芽眼不长叶或叶片脱落，呈“光腿”现象，严重缺锌时枯梢，病枝花果少、小，且畸形。

矫治苹果小叶病的主要措施是施锌肥。常用锌肥有硫酸锌、氧化锌、氯化锌。在生长期内，特别在盛花后3周左右喷施0.1%～0.3%硫酸锌有良好效果，锌溶液中加入0.5%尿素的效果更为明显。环烷酸锌(300毫克/千克)和尿素(300毫克/千克～500毫克/千克)混合喷施也有较好效果。

第三节　梨树减量增效技术

取土测定土壤养分状况，根据土壤肥力应用测土配方施肥技术确定施肥量和施肥方法，或采用推荐施肥量。每亩氮肥用量为

28.8～38.4 千克(折合尿素为 63～84 千克)，磷肥用量为 20.7～27.6 千克(折合磷酸二铵为 45～60 千克)，钾肥用量为 28.8～38.4 千克(折合硫酸钾为 58～77 千克)，腐熟的优质农家有机肥料的用量为 4000～5000 千克。

一、基肥

秋季采果后至落叶前结合深耕深翻施入土壤中，以有机肥为主配合适量化肥。其中，氮、钾肥占总施肥量的 50%，磷肥占总施肥量的 70%。

二、追肥

我国梨园通常根据树势在下列各时期中选择 2～3 个时期追肥。

(1)花前追肥。早春芽萌动、开花、发叶、抽枝都需要消耗大量的养分，新梢开始生长时，树体储藏的养分基本用完，此时需要大量的氮素供应。此次追肥以氮肥为主。如果树势强壮，花芽太多，为了控制花果量也可不施用花前肥，改施用花后肥。

(2)花后追肥。在花期内或花后新梢旺盛生长期之前施用。目的在于促进枝叶生长和促进花芽分化。肥料用量不宜过多，以免引起新梢生长过旺，影响花芽和果实的膨大。

(3)果实膨大追肥。通常在春梢生长停止前施用，除了施用氮肥外还要施用磷钾肥，特别是钾肥，避免偏施氮肥，影响果实的品质。

第四节　葡萄减量增效技术

取土测定土壤养分状况，根据土壤肥力应用测土配方施肥技术确定施肥量和施肥方法，或采用推荐施肥量。每亩氮肥用量为 36～48 千克(折合尿素为 78～104 千克)，磷肥用量为24～36 千克(折合二铵为52～78 千克)，钾肥用量为 28.8～43.2 千克(折合硫酸钾为 58～86 千克)，腐熟的优质农家有机肥料的用量为4000～5000千克。

一、基肥

葡萄落叶后到萌芽前，只要土壤不上冻都可施基肥，一般秋冬施比春施好，秋施比冬施好，秋施又以收获后尽量早施好。一般基肥用量为全年肥料用量的40%～60%，有机肥全部做基肥，配合施用磷、钾肥，深施于根系密集层。值得注意的是，巨峰葡萄开花时，如若树体氮素过多，则新梢生长过旺易引起大量落花，而基肥中氮在开花时又被大量吸收，因此，对巨峰葡萄应控制基肥中氮的用量。

二、追肥

根据土壤的肥力状况和树的长势，葡萄通常每年追肥2～3次。

(1)萌芽肥。芽眼膨大时根系大量迅速活动前(开花前)进行第一次追肥。一般以氮肥为主结合施磷、钾肥，以促进花芽继续分化使芽内迅速形成第二、第三花穗。巨峰葡萄应根据树势控制氮肥用量，防止大量落花。

(2)壮果肥。在5月下旬，落花后幼果开始膨大，追肥的目的是促进果实迅速膨大，一般以氮肥为主结合施钾肥。

(3)催果肥。浆果期进行第三次追肥，在7月中旬，可提高果实含糖量、改善品质、促进成熟。追肥以钾肥为主，根据树势适当施氮、磷肥。如果树势健壮、枝叶繁茂可以不施氮肥。

在葡萄生长发育过程中，还可以根据树势情况进行根外追肥，花前一周可叶面喷施0.2%磷酸二氢钾和0.3%硼砂，能提高坐果率。坐果后到成熟前，喷2～3次0.3%磷酸二氢钾，能提高产量、改善品质。对缺铁失绿的葡萄，可喷施硫酸亚铁或柠檬酸铁等矫正缺铁症状。

三、葡萄的中量、微量元素失调及矫正

(1)钙。葡萄需钙量比较大，果实中含钙高达 0.57%，高于苹果。钙对调节葡萄树体的生理平衡具有重要的作用。葡萄缺钙时幼叶皱卷，呈淡绿色，脉间有灰褐色的斑点，叶缘部位出现针头大的坏死斑点，新梢顶端枯死，根部停止生长甚至腐烂。

葡萄缺钙的预防与矫治方法：避免一次大量施用钾肥和氮肥；叶面喷施钙肥，如叶面喷洒 0.3%的氯化钙水溶液。

(2)镁。葡萄对镁的需要量也较多，叶片含镁 0.23%～1.08%，果实中含镁 0.01%～0.025%。缺镁时易出现失绿黄化斑，多发生在生长季节后期，从植株老叶开始发病，最初老叶脉间褪绿或出现黄色斑点，严重时整个叶片变成黄色，或叶片坏死脱落。

葡萄缺镁的预防与矫治方法：要定时施足有机肥料，对成年树也应在入冬前施用优质有机肥料；缺镁严重的葡萄园应适当减少钾肥的用量；在植株开始缺镁时叶面喷施 3%～4%的硫酸镁，生长季节喷 3～4 次；缺镁严重的土壤可施用硫酸镁肥料。

(3)硼。葡萄需硼量较高，对土壤缺硼相当敏感，土壤有效硼的含量小于 0.5 毫克/千克时，葡萄不能正常生长。硼能提高坐果率，提高果实中维生素和糖的含量。葡萄缺硼时生长点死亡，小侧枝增多，枝条节间短而脆，茎的顶端肿胀，卷须坏死，果穗稀疏或果不育，幼果果肉变褐。缺硼的症状容易在早春和夏季出现。

葡萄缺硼的预防与矫治方法：生长期喷施 0.2%的硼砂溶液；秋施基肥时施用硼砂或硼酸，每亩施用 1.5～2 千克。

(4)锌。葡萄对锌也比较敏感，缺锌时易得小叶病，新梢生长量少，叶梢弯曲。落花落果严重，果粒大小不一。

葡萄缺锌的预防与矫治方法：花前 2～3 周喷碱性硫酸锌，用喷雾湿润整个果穗和叶的背面。碱性硫酸锌的配制方法，将 480 克硫酸锌和 359 克喷雾石灰加到 100 千克水中。

(5)铁。葡萄缺铁时影响叶绿素的形成，先是幼叶失绿，叶脉间黄化，具绿色网脉。缺铁严重时叶片变黄，甚至白色，叶片严重褪绿部位常变褐色或坏死。新梢的生长量减少。花穗和穗轴变浅黄色，坐果不良。

葡萄缺铁的预防与矫治方法：叶面喷施0.5%的硫酸亚铁溶液，可根据情况每隔20～30天喷施一次。用硫酸亚铁涂抹枝条，浓度为每升水中加硫酸亚铁179～197克，修剪后涂抹顶芽以上的部位。

第五章　茶树化肥减量增效技术

第一节　茶树作物养分需求特点

一、茶树的生产现状

茶是人们日常生活中的健康饮料，是世界上无酒精的三大软饮料之一(茶叶、咖啡、可可)。茶树属于多年生植物，我国是茶树的原产地，是最早发现和利用茶的国家，经历了从药用到饮用、从利用野生茶树到人工栽培的过程。此外，我国是世界上第一大茶叶种植国、生产国和贸易国，拥有较大的茶叶种植面积及消费水平。同时，茶树也是我国重要的经济作物，全国有 20 多个省份 1 000 多个县产茶，茶叶生产在地方经济中占有重要的地位，种茶已成为贫困山区农民脱贫致富的重要途径之一。

二、茶树养分需求特点

在茶树的整个生育周期内，新梢经过不断的采摘，茶树体内的营养物质大量消耗，茶园土壤中的各种营养元素相对有限，不能满足茶树生长发育的需求。因此，在茶树栽培过程中，应根据茶树的营养特点、需肥规律、肥料特性等，科学合理地针对茶园进行施肥，满足茶树的生育需求，提高茶叶的产量和品质。

茶树消耗最大的营养元素与其他作物一样，为氮、磷、钾三要素，所以施肥补充的主要也是这三大元素，另外，也需要补充一些微量元素。

（一）氮素营养

氮是茶树中含量最高的矿质元素，在茶树全株中的含量占干重的1.5%～2.5%，以叶片含量最高，占干重的3%～6%，特别是在分生组织的芽端、根尖和形成层含量较多。氮素能够直接或间接影响茶树的新陈代谢和生长过程，如光合作用、新梢的生长、叶片的伸展等，氮素供应充足时，促进茶芽萌发和新梢生长，营养生长旺盛，增加新梢轮次，延长采摘时间，提高茶叶产量。

茶树一年四季都不断地从土壤中吸收氮素。在长江中下游地区，茶树4～9月所吸收的氮素主要用于地上部分的生长，其中春茶生长消耗的最多；10月到翌年2月所吸收的氮素主要贮存在根系中。茶树不同器官对氮素的需要时期亦有差别：根需氮时期主要在9～11月；茎需氮时期主要在7～11月，占全年总吸收量的60%～70%；叶需氮时期主要在4～9月，占全年总吸收量的80%～90%。

（二）磷素营养

磷在茶树全株中的含量占干重的0.3%～0.5%，茶树各器官中磷含量一般表现为：芽＞嫩叶＞根＞茎。而生长季节不同，茶树各器官的磷含量也有差异，春茶芽、叶含磷量可达0.8%～12%，秋后老叶及落叶则在0.5%以下。在地上部分生长季节，根系的含磷量仅为0.6%左右；当地上部分处于休眠时（生长缓慢或停止），根系磷含量可达0.8%～1.2%。茶树体内的许多生理过程，如光合作用、呼吸作用及生长发育，尤其是体内的各种酶促反应和能量传递，均需要磷的参与。磷能促进茶树幼苗生长和根系分枝，提高根系的吸收能力，对茶叶产量和品质有较大影响。磷素对茶叶品质的提高，在于它能提高水浸出物和咖啡因的含量，并体现在香气和滋味的提高上。

茶树对土壤中的磷全年都可吸收，6～9月对磷的吸收强度较大，其中7～8月是吸收高峰期。地上部处于旺盛生长期间，根吸收的磷主要分配到新生器官的幼嫩组织中，而秋冬季茶树吸收的磷多贮存于根系中，待翌年春季再输送到地上部分供春梢生长利用。

(三)钾素营养

钾在茶树全株中的含量占干重的0.5%～1.0%，茶树各器官的含钾量一般表现为：芽叶＞根系≥老叶＞茎。钾以离子(K^+)状态被茶树根系吸收，在茶树体内大都呈离子态，部分在原生质中呈吸附态，有较强的移动性和被再利用能力。茶树中以钾为活化剂的酶有60多种，参与多种生化过程，对茶树的光合作用和氮代谢有着重要作用。钾在茶树体内起着维持细胞膨压、保证各种代谢过程顺利进行的作用，同时能够提高茶树的抗旱和抗寒能力，促进伤口愈合。

在年生育周期中，茶树对钾吸收全年都在进行，其中3～4月吸收量最高，以后逐渐下降，茶树生长期间的4～10月，是茶树吸收钾量最多的时期，占全年总吸收量的80%～90%。

(四)中微量元素

除了上述氮、磷、钾3种大量元素外，镁、铁、钙、钠、硫以及硼、锰、钼、铜、锌等中微量营养元素对茶树同样起着不可替代的作用。它们虽含量不多，但对促进茶树新陈代谢，提高酶的活性，对各种有机物、维生素、生长素的合成、转化、贮运等都有重要作用。同时，它们之间各自的生理功能又是不可互换代替的，都要充分满足才能使茶树正常生长发育。例如，钙素对细胞壁的形成，硫元素对含硫氨基酸的合成，镁元素对增强光合作用强度等均有重要作用。

三、影响茶树养分吸收的因素

施肥是直接影响茶园产量提高的重要因素，因此施肥是否科学合理对茶园生产十分重要。目前，大多数茶园存在施肥不合理的现象，影响肥料利用率的同时增加投入成本，主要表现在施肥管理、外界环境条件两方面。

（一）施肥管理

根据茶树的营养特性及需肥规律，茶树施肥时期分为“一基三追”，即冬季休眠期基肥、春茶萌发前追肥、春茶过后追肥以及夏茶过后追肥。基肥也就是常说的越冬肥，一般在9～10月施用，此阶段根系活力较强，有利于养分的吸收贮存供翌年生长所需，同时此阶段合理供应养分对翌年的春茶萌芽有重要作用。3次追肥时间分别在3月上旬、5月下旬、7月下旬，原因是这3个阶段由茶叶采摘带走的养分急需肥料的补充。据调研得知，多数农户选择在12月一次基肥、5月一次追肥的方式，对于基肥，施用时间较晚，错过了根系吸收养分的最大效率期；对于追肥，大多数农户对春茶前(3月)以及夏茶后(7月)的追肥重视度不够，影响茶叶产量和品质。

在茶叶实际生产中，农民使用的肥料种类较多。经调查发现，复合肥的施用比例在90%以上，其次是单质肥，而有机肥以及微量元素肥料施用较少。在基肥的施用时期，农民使用复合肥较多，忽略有机肥作基肥对茶树生长的重要作用；在追肥时期，施用的复合肥多为通用型肥料(氮、磷、钾比例为15∶15∶15，14∶16∶15或17∶17∶17等)，其次是高氮型肥料(氮、磷、钾比例为25∶10∶16或20∶0∶5等)，相对于茶树是需氮肥较多的多年生植物，通用型肥料的施用不能满足茶树生长的需求，导致养分比例的不平衡，同时在一定程度上造成肥料浪费，特别是磷、钾肥，随着通用型肥料的施用，出现了磷、钾肥的过量，利用率较低、增加生产成本。

合理的肥料施用量不但可以节约投入成本，而且对肥料的利用率、产量和品质的提高有一定的带动作用。研究表明，一年产鲜叶3 750～5 250千克/公顷的茶园，施氮肥150～195千克/公顷，磷肥75～90千克/公顷，钾肥105～120千克/公顷。在茶园实际生产中，肥料的投入量较大，茶园施肥强度较大造成肥料的浪费，有很大的化肥减施空间。

同样，施肥的方式决定着肥料进入土壤被茶树根系吸收利用率的高低。由于成年茶树根系较为发达，在施肥过程中多数选择以茶树行间地面撒施和茶蓬上叶面撒施为主，不合理的撒施方式会影响茶树对肥料的吸收利用效率，增加肥料的浪费，此外叶面撒施的肥料主要落于根部主根位置，不利于茶树侧根对肥料的吸收，同时会对叶子造成肥害，烧伤茶叶。

(二)外界环境条件

除施肥管理直接影响因素外，外界环境同样影响着养分吸收，如水分、温度、湿度、地形地势、土壤条件等。南方的茶园多依靠自然降水补充水分，灌溉较少，夏秋季干燥的土壤环境不利于养分的吸收利用。茶园的高坡高海拔的地理环境同样影响着养分吸收，坡度较大的茶园不利于养分、水分的贮存，易造成养分的流失，从而降低吸收效率。

茶园生长的土壤环境作为茶树生长的介质，土壤质量的好坏决定着养分吸收利用的强弱。茶树生长良好的上壤环境是需要疏松、有机质含量高、通透性能良好、保水保肥能力强的土壤，对于土壤板结程度高、有机质含量低的土壤要通过一定的技术措施加以改良。

第二节　茶园化肥减量增效技术

一、基肥

基肥是指在茶树地上部停上生长时(9月底至10月底)施，以确保茶树安全越冬，有利于茶树越冬芽的正常发育，保证春茶的萌发、生长。基肥一般亩施优质有机肥3000～4000千克，51%硫基复合肥(17－17－17或25－10－16)40～60千克，基肥应适当早施深施20～25厘米，以便诱发茶树根系向深层发展，既扩大根系的营养面，又可防止旱害和冻害。沙土宜深，黏土宜浅。

二、追肥

在茶树开始萌发和新稍生长时期施用的肥料为追肥。追肥多以尿素或高氮复合肥为主，幼龄茶树追施 2～3 次，壮龄茶树 3～4 次，春茶多追，夏、秋茶少追。一般每次采摘结束之后，应及时追肥。每次每亩追施高氮复合肥(25－10－16 或 30－10－11)15～20 千克，开沟条施，施后覆土。

三、根外追肥

一般大量元素采用 0.5%～1%，微量元素采用 50～500 毫克/千克，稀土元素采用 10～50 毫克/千克，复合叶面营养液以 500～1000 毫克/千克为宜。以喷湿叶面为主，一般在傍晚进行。

四、施肥时期和施肥方法

幼龄茶树应施以充足的氮肥，以满足枝、叶、芽迅速生长的需要。成年茶树则应施充足的有机肥，并做到追肥、基肥相结合。春、夏、秋为茶树旺盛生长期，需肥量大，尤其是春茶，此时应以追肥为主，及时补充因采摘所带走的养分，肥料主要以速效氮肥为主。冬季气温低，茶树处于休眠状态，此时主要是聚集养分，可施迟消或分解慢的肥料。

茶园施肥，主要有沟施、窝施、叶面喷施 3 种方法，施肥要求概括地讲，应做到“一深、二早、三多、四平衡、五配套”，具体要求如下。

“一深”是指肥料要适当深施，以促进根系向土壤纵深方向发展。茶树种植前，底肥的深度至少要求在 30cm 以上；基肥应达到 20cm 左右；追肥也要施 5～10cm 深，切忌撒施，否则遇大雨时会导致肥料冲失，遇干旱时造成大量的氮素挥发而损失，还会诱导茶树根系集中在表层土壤，从而降低茶树抵抗旱、寒等自然灾害的能力。

“二早”是指：a. 基肥要早，进入秋冬季后，随着气温降低，茶树地上部逐渐进入休眠状态，根系开始活跃，但气温过低，根系的生长也减缓，故早施基肥可促进根系对养分的吸收。长江中下游茶区，要求肥料在9月上旬～10月下旬间施下；江北茶区可提早到8月下旬开始施用，10月上旬施完；而南方茶区则可推迟到9月下旬开始施用，11月下旬结束。b. 催芽肥也要早，以提高肥料对春茶的贡献率。据试验，春季追肥时间由3月13日提早到2月13日，龙井茶产量增加。施催芽肥的时间一般要求比名优茶开采期早1个月左右，如长江中下游茶区应在2月份施下。

“三多”是指：a. 肥料的品种要多，不仅要施氮肥，而且要施磷、钾肥和镁、硫、铜、锌等中微量元素肥以及有机肥等，以满足茶树对各种养分的需要和不断提高土壤肥力水平。b. 肥料的用量要适当多，每产100kg大宗茶，亩施纯氮12～15kg，如茶叶产量以幼嫩芽叶为原料的名优茶计，则施肥量需提高1～2倍。但是，化学氮肥每亩每次施用量(纯氮计)不要超过15kg，年最高用量不得超过60kg。c. 施肥的次数也要多，要求做到“一基三追十次喷”，春茶产量高的茶园，可在春茶期间增施一次追肥，以满足茶树对养分的持续需求，同时减少浪费。

“四平衡”指：a. 有机肥和无机肥要平衡。有机肥不仅能改善土壤的理化和生物性状，而且能提供协调、完全的营养元素。但由于有机肥养分含量较低，所以需配施养分含量高的无机肥，以达到既满足茶树生长需要，又改善土壤性质的目的。要求基肥以有机肥为主，追肥以无机肥为主。b. 氮肥与磷钾肥，大量元素与中微量元素要平衡。只有平衡施肥，才能发挥各养分的效果。成龄采摘茶园要求氮磷钾的比例为2～4∶1∶1。c. 基肥和追肥平衡。茶树对养分的吸收具有明显的贮存和再利用特性，秋冬季茶树吸收贮存的养分是翌年春茶萌发的物质基础，所以要重施基肥。但茶树的生长和养分吸收是一持续的过程，因此，只有基肥与追肥平衡才能满足茶树年生长周期对养分的需要。一般要求基肥占总施肥量的40%左右，追肥占60%左右。d. 根部施肥与叶面施肥平衡。茶树具有深广的根系，其主要功能是从土壤中吸收养分和水分。但茶树叶片多，表面积大，除光合作用外，还有养分吸收的功能。尤其是在土壤干旱影响根系吸收时，或施用微量营养元素时，叶面施肥效果更好。另外，叶面施肥还能活化茶树体内的酶系统，加强茶树根系的吸收能力。因此，只有在根部施肥的基础上配合叶面施肥，才能全面发挥施肥的效果。

“五配套”是指茶园施肥要与其他技术配合进行，以充分发挥施肥的效果。a. 施肥与土壤测试和植物分析相配套。根据对土壤和植株的分析结果，制定准确的茶园施肥和土壤改良计划。一般要求每两年对茶园土壤肥力水平和重金属元素含量等进行一次监测，以了解茶园土壤肥力水平的变化趋势，有针对性地调整施肥技术。b. 施肥与茶树品种相配套。不同品种对养分的要求有明显的“个性特点”，如龙井43要求较高的氮、磷和钾施用量，而苹云则耐肥性差，施肥量不能过高，高香品种龙井长叶对钾的要求较高。因此，茶园施肥时，特别是优良品种茶园施肥时只有考虑其种性特点，才能充分发挥良种的优势。c. 施肥与天气、肥料品种相配套。这一点在季节性干旱明显、土壤黏性较重的低丘红壤茶区显得尤为重要。如天气持续干旱，土壤板结，施入的肥料不易溶解和被茶树吸收；雨水过多或暴雨前施肥则易导致肥料养分淋溶而损失。根据肥料种类采用不同的施肥方式则可提高肥料的利用率。d. 施肥与土壤耕作、茶树采剪相配套。如施基肥与深耕改土相配套，施追肥与锄草结合进行，既节省成本，又能提高施肥效益；又如采摘名优茶为主的茶园应适当早施、多施肥料，采摘红茶的茶园可适当多施钾肥和铜肥；幼龄茶园和重剪、台刈改造茶园应多施磷、钾肥等。e. 施肥与病虫防治相配套。一方面茶树肥水充足，易导致病虫危害，要注意及时防治；

另一方面，对于病虫危害严重的茶园，特别是病害较重的茶园应适当多施钾肥，并与其他养分平衡协调，有利于降低病害的侵染率，增强茶树抵抗病虫害的能力。

另外，茶园施肥次数与茶区气候条件、施肥量、采摘制度等因素有关。我国北方茶区由于气温低，发芽轮次少，采摘期短，除基肥外，追肥 2～3 次即可。长江中、下游大部分茶区，茶芽萌发次数较多，生长期较长，除施基肥外，宜施 3～4 次追肥。南方茶区，由于气温高，雨水多，生长期长，发芽轮次我，在一般情况下，除基肥外，宜施追肥 4～5 次。茶园追肥次数与施肥量关系也很大，据我所试验，在年施追肥氮 40 斤时，全年分五次施比分三次施和分二次施分别增产 17%和 23%。因此，可以认为，在肥料多的情况下，要分次少施，这样有利于肥效的发挥。

秋冬施基肥应以有机肥和磷、钾肥为主，配合施部分复合肥。根据茶树新梢生长轮次和需肥的连续性，在各轮新梢生长前，及时分批施用追肥，一般全年 3 次，以速效性氮肥为主，配合磷、钾肥和根外追肥，促进茶芽萌发。一般每年亩施纯氮 10～15kg，氮、磷、钾的施用比例为 2～4∶1∶1。茶叶生产期间以氮肥为主，一般亩施 15～25kg 的尿素、硫酸铵、钙镁磷及复合肥，有条件的可施人粪尿等，一般在每轮茶萌发前 10～15 天时施下。

基肥施用时期因各地气候条件差别很大，主要在茶树地上部分停止生长后立即进行，宜早不宜迟。大部分茶区在 10 月上旬至下旬茶树停止生长，施基肥宜在 10 月下旬至 11 月上旬。催芽肥在开春后施用，3 月初施第一次追肥。春茶结束后第二次追肥，夏茶结束后第三次追肥。若干旱季节不宜施追肥，应在旱季来临之前或旱情解除以后施用。

第六章　农药减量增效基础知识

第一节　农业节药技术概述

农药是重要的农业生产资料，对防病治虫、促进粮食和农业稳产高产至关重要。但由于农药使用量较大，加之施药方法不够科学，带来生产成本增加、农产品残留超标、作物药害、环境污染等问题。

一、农药对农业生产的贡献

了解农药对农业的贡献，能让人们正视农药在农业生产中发挥的重要作用，理清农药和环境的诸多关系，为明确农药的发展方向奠定基础。

（一）农药对农业的贡献大

农药由于其在防治农作物病、虫、草、鼠害方面具有高效、快速、经济和简便等特点而被世界各国广泛应用。我国年均使用农药28万余吨（折百），施用药剂防治面积达3.2亿公顷。通过使用农药，每年可挽回粮食损失4 800万吨、棉花180万吨、蔬菜5 800万吨、水果620万吨，总价值在550亿元左右。近年来，由于许多高效、低毒、低残留的新农药的出现，农药使用的投入产出比已高达1∶10以上，一般农药品种的投入产出比也在1∶4以上。由此可见，农药在现代农业生产中的作用是巨大的。

（二）提高粮食单产离不开农药

据估算，到2050年我国每年需粮食7.2亿吨，即需从目前正常年份的约4.8亿吨净增粮食2.4亿吨，在可耕地面积不变的情况下要求粮食亩产应比目前的水平提高33%以上。提高单位面积粮食产量，必须依靠品种改良、栽培技术提高、水源保证、中低产田改良，以及农机、化肥、农药和农膜等生产资料的投入。上述农业生产技术和生产资料缺一不可，且需有机结合。广泛推广应用农药，尽可能减少由病、虫、草、鼠等有害生物为害造成的占总产量30%的损失，是最现实、最可行的措施之一。

（三）农药应用促进农业现代化

农药的使用量与一个国家或地区社会经济的发展成正比。美国是世界上农业最发达的国家，也是生产和使用农药最多的国家，农药销售额一直位居世界首位。日本耕地面积510万公顷，不足中国1.35亿公顷的1/26，且由于劳动力、效益等原因导致的农田荒芜面积占耕地面积的7%，然而农药销售额却高达34.38亿美元，是中国农药销售额的1.75倍。法国耕地面积0.18亿公顷，约为我国耕地面积的1/7，其农药销售额却是我国的1.95倍。由此说明，我国目前农药消费远不及世界农业发达国家，市场潜力巨大。

（四）农药开发和使用的发展趋势

农药作为现代农业的重要组成部分，其贡献和危害同时存在，若能科学合理使用，则对保障粮食增产、农民增收和农产品有效供给起到不可替代的作用。若使用不当，则会导致农产品农药残留超标，污染生态环境，给人类健康带来隐患等一系列问题。如何提高农药利用率，节约使用农药，发展高效、低毒、环境友好型农药，替换并取代高毒农药等都是未来农药发展的必然趋势。

二、农药对环境的危害

在很长一段时期内，人们对农药的使用仍主要着眼于其对有害生物的防治和提高经济效益，而对农药使用后进入生态环境中，乃至留存于人们的食物中可能产生的不良影响等均未给予重视。直到20世纪40年代使用大量化学合成农药后，才引起人们对这些方面问题的关注。

(一)农药对环境的污染

我国是世界农药生产和使用大国，且以使用杀虫剂为主，农药的施用致使不少地区土壤、水体和粮食、蔬菜、水果中农药的残留量大大超过国家安全标准，对环境、生物和人体健康构成了严重威胁。主要表现在：一是对大气的污染。农药经喷洒形成的大量漂浮物，大部分附着在作物和土壤表面，还有相当一部分则通过扩散分布于周围的大气环境中，污染了大气。二是对水体的污染。农药对水体的污染主要来自以下几个方面：水体直接施用农药；农药生产企业向水体排放生产废水；农药喷洒时农药微粒随风飘移降落至水体；环境介质中的残留农药随降水和径流进入水体。此外，农药容器和使用工具的洗涤也会造成水体污染。三是对土壤的污染。田间施药的大部分会进入土壤环境中，另外大气中的残留农药与喷洒时附着在作物上的农药，经雨水淋洗也将进入土壤之中，用已受农药污染的水体灌溉农田以及地表径流等也都是造成农药污染土壤的原因。四是对农作物和食品的浸染。土壤中农药的残留与农药直接对作物的喷洒是导致农药对作物和食品浸染的主要原因。作物通过根系吸收土壤中的残留农药，再经过植物体内的迁移、转化等过程，逐步将农药分配到整个作物体中。或者通过作物表皮吸收附着在作物叶面上的农药进入作物内部，造成农药对作物和食品的污染。

(二)农药残留对生物的危害

主要表现在以下几点。一是农药在植物性食品中的残留。喷洒在植物上的农药，一部分被植物吸收，一部分挥发掉，大部分进入土壤。进入土壤的部分农药由根部吸收进入植物体内，造成农药残留。二是农药在动物性食品中的残留。为了控制病虫害需要施用大量的农药，进而造成了农药在农作物、牧草和饲料等中的残留。用含有残留农药的作物、牧草和饲料去喂养畜禽会造成农药在家畜、家禽体内的残留，有些农药还会在畜禽体内的脂肪中形成累积，使蛋、奶、肉等畜禽产品中含有农药残留。三是农药污染对人体的危害。农药残留也是通过食物链由低级向高级逐步富集的。农药在动植物食品中的富集和残留，最终都汇集在食物链的顶端——人的体内，最终使人受害。

(三)农药对生态平衡的破坏

主要表现在以下几点。一是出现抗药性虫害。一种杀虫剂对某种害虫长期使用，害虫对农药就会产生抗药性。目前，世界各地抗药性害虫的种类已达220多种，如蚜虫和红蜘蛛等。由于害虫抗药性的增强，人类施药次数和使用量不断增加，进而加剧了环境污染。二是农业生态体系中生物群落发生变化。目前，使用的农药多为广谱性农药，在杀死害虫的同时，也杀死了大量的益虫，中毒的昆虫被鸟啄食，又害死鸟类，使害虫的天敌大量死亡，而天敌的繁殖能力远不如害虫，结果反而更加有利于害虫的迅速繁殖，破坏了自然生态系统的平衡。三是生物多样性降低。长期使用农药后，农田生态系统发生的另一改变就是生物多样性降低，即生物相变得更为贫乏、单一。生物多样性降低会使生态系统的稳定性下降，影响生态平衡。

第二节　农药精确施用技术

农药精确施用技术是在自然环境中基于实时视觉传感技术和地图的农药精确施用方法，包括施药过程中的目标信息采集、靶标识别、施药对策、喷雾执行等主要技术环节。该技术可以提高农药使用效率，以最少的农药剂量，合理精确地喷洒于靶标，减少非靶标的农药流失与漂移，科学、经济、高效地利用农药，以达到最佳的防治效果，同时减少农药造成的环境污染。

一、农药变量喷施技术

农药变量喷施技术主要包括两大环节，即喷施决策的生成和喷施决策的执行。决策生成技术主要有基于地理信息技术的决策生成技术和基于实时传感器的决策生成技术。

1. 农药变量喷施决策生成技术

喷施决策的生成是指对农田病虫草害进行监测和定位，并根据局部病虫草害的具体情况确定合理的农药施用量。

(1)基于地理信息技术的决策生成技术。喷施决策可以脱离喷施作业单独进行，通过人工调查或仪器监测农田的病虫草害状况，生成包含农田各局部区域位置坐标和对应农药施用量的处方图。喷施作业机械带有位置坐标测量装置，可根据位置坐标查处方图获取该局部区域的农药施用量，即基于地理信息技术的决策生成。其系统组成包括 GPS、基于 GIS 的计算机软件、作物生产管理决策支持系统和相关传感器，工作过程如图 6-1。

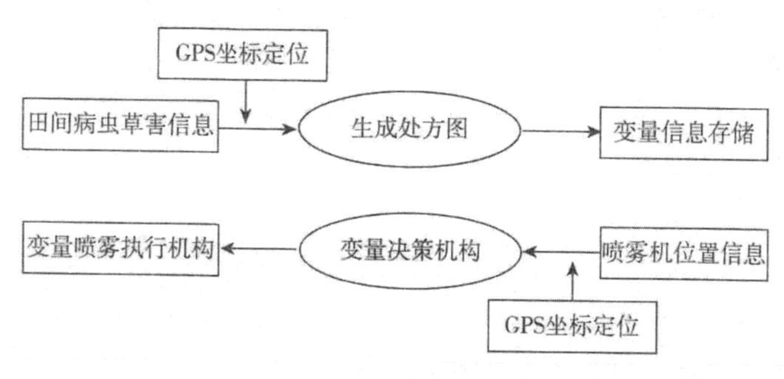

图 6-1　基于地图的可变量技术系统的执行过程

(2)基于实时传感器的决策生成技术。喷施决策也可以与喷施作业同时进行，由实时传感器采集当前作业区域的病虫草害情况，并立即生成农药施用量控制指令，控制喷施执行元件即刻按需施药，即基于实时传感器的决策生成。基于实时传感器的决策生成技术通常是通过土壤采样和识别作物特征来测定喷雾的需求量，并结合实时传感器向计算机提供信息，对喷雾量进行实时调整，其工作过程如图 6-2。

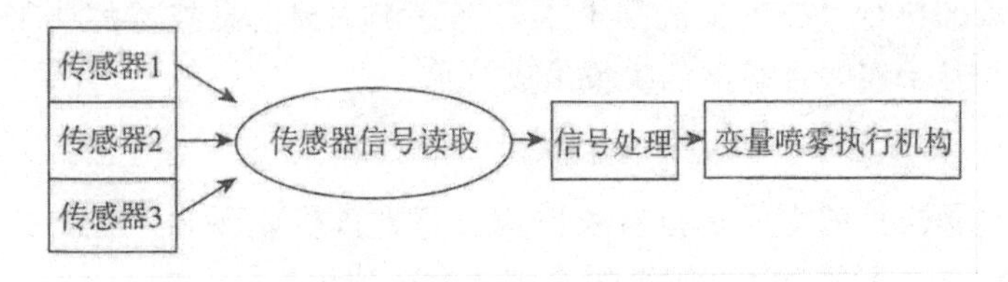

图 6-2　基于实时传感器的可变量技术系统的执行过程

2. 农药变量喷施决策执行关键技术

喷雾决策执行是指变量喷雾执行机构根据决策机构发出的喷雾指令信号进行变量施药作业，是实现精确变量喷雾的决定性阶段。

(1)变压力式流量控制技术。变压力式流量控制技术根据喷雾机的行进速度实时调节系统压力来控制喷出的药量。改变压力来控制流量是最传统的喷雾流量控制方法。进行喷药作业前，将化学农药与溶剂(通常为水)按照一定比例在药箱内配好，计算机控制器根据喷雾指令信号、机器行走速度、回路压力等工作信息控制伺服阀开度的增大或减小，使系统达到一定的压力，以满足各区块所需喷药量。

(2)农药原液注入式流量控制技术。农药原液注入式流量控制技术是通过变量注入农药原液与载液混合，配制不同浓度的药液。此种喷雾系统采取药液分离的办法，一般包括一个溶剂箱和一个(或多个)农药原液箱，在进行作业时，溶剂按一恒定流量进入喷杆。根据机器的行进速度，计量泵按需求泵出原液，并与溶剂在喷杆内混合，凭借对原液注入量和速率的调节来实现变量喷洒。

(3)脉宽调制式(PWM)流量控制技术。脉宽调制式(PWM)流量控制技术是通过控制电磁阀的工作状态进而控制实际喷雾量。事先在容器中将化学药剂和水混合好，且在一定流量调节范围内让压力保持恒定，通过改变喷头电磁阀的通断频率和占空比来调节喷头喷雾流量。

二、农药精确使用系统的应用

1. 林木病虫害防治农药自动对靶喷雾系统

森林病虫害防治农药精确使用不同于农业杂草防治农药精确使用。农业杂草防治中的农作物布局较为规则，大部分农作物株距小到可以认为是连续的行，在杂草防治中可以利用图像处理，较为简单地将作物行设定为非喷雾目标。但对于城市和公路行道树、防护林、风景园林、观赏植物、果园果树等病虫害防治工作，则不能如此对待，应当充分考虑树间间隔的大小和树冠形态的差异。图 6-3 所示为南京林业大学研究的基于计算机视觉的农药自动对靶喷雾系统。该系统中，实时图像采集系统通过 CCD 实时采集靶标树木图像，通过计算机图像处理系统提取树木目标特征，并形成和传送喷雾控制策略，经农药喷雾可变量控制系统控制喷头实现对靶喷雾。

该系统较为庞大，功能种类多样、齐备，可将其划分为若干个子单元，每个单元又包括若干个模块，每个模块实现特定的功能或任务，最后再将这些模块通过特定的硬件和软件连接起来，组成一套完整系统。

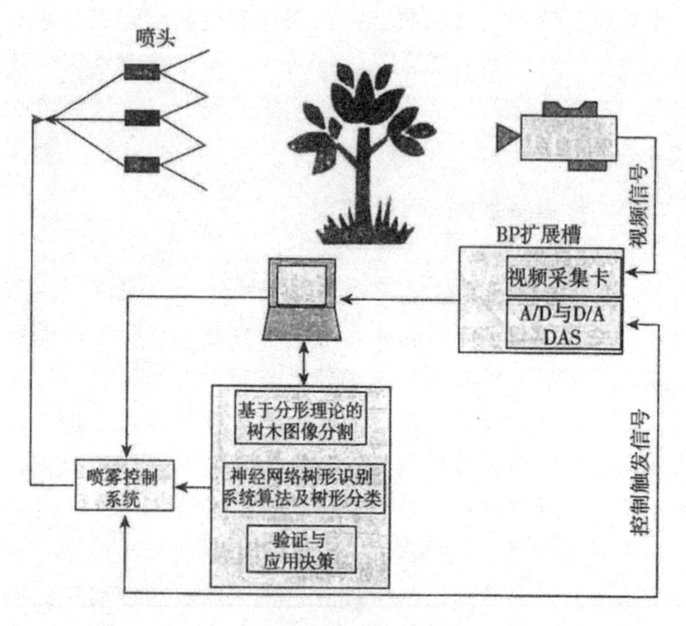

图 6-3　精确农药使用对靶示意图

2. 基于地图的可变量喷雾系统

图 6-4 所示为一可变量喷雾系统。因为施药量是喷雾机速度的函数，所以采用雷达测速传感器检测喷雾系统的行进速度，计算机(控制器)依据这个速度来调节农药施用量。该系统中农药与水并不是预先混合的，而是根据实际需要，在喷雾过程中液压泵将药箱中的农药与水在注射器里直接混合输送至喷头，即采用了自动混药装置。在安全性和混合药水管理等方面，这种结构相对于预先混合而言有许多优点(例如：安全、自动调节和易于操作等)，液压泵能精确地控制农药施用量。

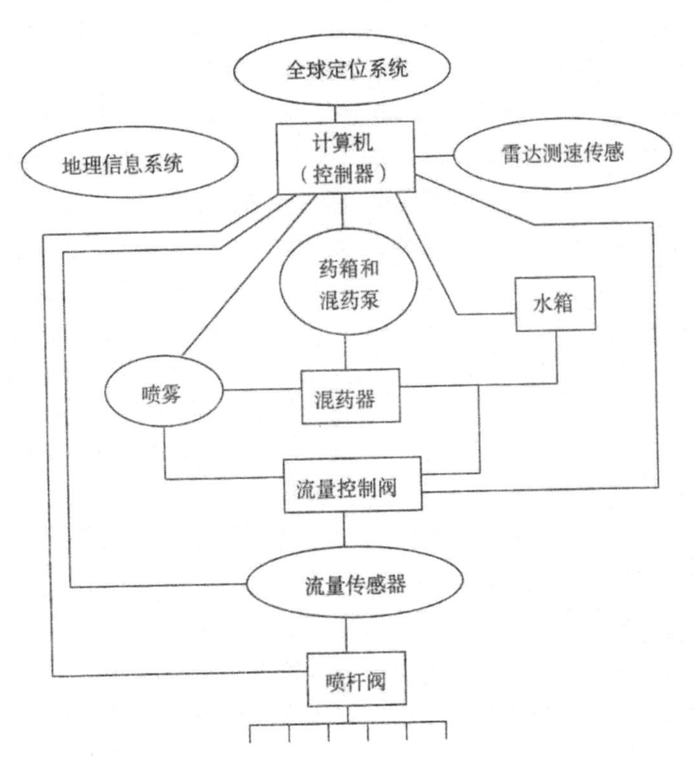

图 6-4　基于地图的可变量喷雾系统

因水箱中装有液位传感器，可实时获知剩余水量，计算机通过流量控制阀控制流向喷杆的药液流量。喷雾系统行驶过程中，结合GPS定位，对实际农药施用量与相应的地理坐标位置进行不间断记录，并传送给地理信息系统作为历史数据以确定农药雾滴在田间的分布状况。喷杆阀是控制喷杆上液流的开关，可通过喷杆阀对控制区域进行快速准确的施药量调控。

当喷雾机操作者开始作业时，机载计算机软件将首先检查从GPS上下载的数据。计算机还会做出相关提示，如所需的农药种类、农药和水的需用量。操作员把药箱装上喷雾机，并将其与计算机（控制器)进行连接。计算机将从安装在药箱上的微型集成电路片上读取信息，以检查并确保针对特定作物和虫害的正确农药种类以及其适宜的喷施药量。计算机还要检查药箱上的传感器，以确认药箱中装有足够的药液。为了给水箱加水，操作员将一根胶管连入水箱，并加装调控阀门，由计算机对其施行自动化控制。若水箱内水量不足，进水阀就会打开。当计算机感知水箱内已有能够满足本次喷药的水量时，进水阀就会自动关闭。

此外，当喷雾机作业人员在一块区域为许多地块进行喷药时，系统可以调出该作业区域相关道路信息图，并显示在驾驶室中的显示器上。车载GPS系统将实时播报喷雾机所在实际位置，并确定到达预定地块的最佳行驶路径和预计时间。当喷雾机到达预定作业地块时，显示系统可以自动加注比例尺和提示信息，建议作业人员应该从哪些作物进行开进、喷药。

完成全部作业任务后，作业人可将作为地块位置函数的实际施药量等操作信息进行下载，并将所有数据输入GIS中，以备今后作业过程中的随机调用。此外，这些数据对于今后研究不同农药的作用效用也是十分有用的，还可以为完善信息决策功能等提供支持和帮助。

第三节　机械节药技术

现代农药技术的组成离不开三个方面：农药与剂型、施药工艺和施药机械，三者相辅相成，密不可分。机械节药技术主要是通过采用先进的农药施用机械进行精准喷雾作业等，避免施药过程中的“跑、冒、滴、漏”现象，进而实现农药利用率的提高和农药用量的削减。节药机械主要包括：低量静电喷雾机、自动对靶喷雾机、防飘喷雾机和循环喷雾机等。

一、我国主要节药机械

节药机械作为作物有害生物防治必不可少的工具之一，其发展对提高用药效率、效果，以及确保农产品安全生产等作用重大，而节药机械水平的高低是衡量农业水平和现代化程度的准绳。我国节药机械以经济发达地区发展最为迅猛，其中又以浙江省最具代表性。

1. 手动节药机械

目前，我国节药机械产品品种多达20余类近千种，但大同小异，且仍以手动式节药机械为主，其产销量占节药机械总产销量的80%以上。

目前，我国在田间采用喷雾式农药喷施方法进行农作物病虫草害防治工作时，尚未引入标准化概念，盲目作业普遍。

2. 先进节药机械

从国内外节药机械的发展特点和重点领域来看，我国目前节药机械研发主要侧重于以下3项技术。

(1)机电一体化技术。机电一体化是20世纪逐渐形成并迅速发展起来的一门新兴技术。它是建立在机械技术、微电子技术、计算机和信息处理技术、自动控制技术、传感与测控技术、电力电子技术、伺服驱动技术、系统总体技术等现代高新技术群体基础之上的一种高新技术。其突出特点在于它在机械产品中注入了过去所没有的新技术——把电子器件的信息处理和自动控制等功能“融入”到机械装置中去，从而获得了过去单靠某一种技术而无法实现的功能和效果。近年来，机电一体化技术在国外农业机械上得到广泛应用，在我国限于成本等因素，多用于大中型农业机械，小型机械应用偏少。

(2)自动对IE施药技术。目前，主流的自动对靶施药技术有两种：一是基于图像识别技术。该系统由摄像头、图像采集卡和计算机组成。计算机把采集的数据进行处理，并与图像库中的资料进行对比，确定对象种类，以控制系统喷药。二是基于叶色素光学传感器。该系统的核心部分由一个独特的叶色素光学传感器、控制电路和一个阀体组成。阀体内含有喷头和电磁阀。当传感器通过测试叶色素差别作物存在时，即控制喷头对准目标进行药剂喷洒。如美国伊利诺依大学农业工程系田磊等人开发的“基于机器视觉的西红柿田间自动杂草控制系统”，据介绍使用该系统能节约用药60%～80%。

(3)施药防飘逸技术。在施药过程中，控制雾滴的飘移，提高药液的附着率是减少农药流失、降低对土壤和环境污染的重要措施。欧美国家在这方面采用了防飘喷头、风幕、静电喷雾和雾滴回收等技术。

二、节药机械选用、使用与维护

1. 节药机械选用

(1)深入了解病虫草害发生特点、为害部位及施药方法和要求。同时，掌握所用药剂的剂型、物理性状及具体的施药方式(喷雾、喷粉、喷烟等)，以便选择合适的节药机械类型。

(2)根据防治对象的田间自然条件来选择与其适应的节药机械。结合地形地貌特点、操作方式等，充分考虑机械在田间作业的适应性与通过性能。

(3)了解田间作物栽培及生长发育情况，综合考虑作物的生长状况和生长周期特点，以及药剂的覆盖部位和密度，确保节药机械的喷洒性能满足防治要求。

(4)如购买用于喷洒除草剂的喷雾机械，则还需配购适用于喷洒除草剂的相关附件如狭缝喷头、防滴阀和集雾罩等。

(5)预判所选节药机械在操作使用中的安全性。如是否漏水、漏药，对操作人员的有无毒害、污染，对农作物是否会产生药害等。

(6)根据种植品种、生产规模、经济条件、防治面积大小、购买能力及机具作业费用的承担能力，明确节药机械的工作能力和动力类型。

(7)选用经过产品质量检测部门检测并达标的产品。了解所选机械产品有无获得过推广许可证或生产许可证，并了解其有效期等。

(8)树立品牌意识，通过多渠道了解产品及生产厂商的信誉好坏，产品质量高低，售后服务优劣以及是否获过能够反映质量的奖项等。

(9)购买机械之前要到相同生产条件的作业单位进行调查研究，了解打算购买的节药机械的使用情况，作为参考。

(10)购买选定好的机型时，应按照装箱单检查包装是否完好，随机技术文件与附配件是否齐全。

2. 节药机械使用

(1)掌握植保机械的安全操作技术，会正确检查和保养维护，确保机械不渗漏，作业前一定要试喷。

(2)熟悉农药的性能，首先选用毒性最小、残毒最低的药类，严禁使用禁用的剧毒农药。

(3)配药和喷药时应穿着专用的工作服，戴口罩、手套，暴露皮肤处涂上肥皂，应尽量避免皮肤与农药接触，施药时穿的衣物施药后要及时清洗。

(4)皮肤有伤口者，经期或孕期的妇女都不允许参加喷药作业，作业中途不得吃食、喝水和抽烟。

(5)喷药时采用上风向侧打和回程退行左右打相结合的喷药方法，根据风向变化，及时改变作业的行走方向。工作人员连续作业时间不宜过长，尽量在晴天早晚喷药，风速较大、炎热的中午、作物表面有雨水或露水较重时严禁再施药。

(6)喷药时要注意行走速度、喷药面积、喷药时间的配合关系，一般行走速度在每分钟15～16米，不可停留在一处喷药，以防引起药害。

(7)喷雾机械在田间发生故障时应先卸除管道及空气室内压力，然后再拆卸。如管道或喷头发生阻塞，严禁用嘴吹吸。

(8)在田间放置的农药要有人看管，不用的农药需专放，禁止放置在机具内或随意倒入其他容器。

(9)配药容器应专用，尤其要注意防止儿童玩耍喷药器具或误食农药。装农药的容器和包装袋使用后应送回库中或及时妥善处理。

综上所述，只有在保障操作者安全使用节药机械的前提下，才能将节药机械的功能充分发挥，以达到节约农药、保护环境、提高农产品质量和安全性等目的。

3. 节药机械的常规维护

不同的气候条件、作业环境、操作习惯、农药种类和剂型，以及制造材料(钢板、橡胶制品或塑料)等均会影响机械的使用效果和使用寿命。要保证节药机械有良好的技术状态，延长其使用寿命，维护保养是非常重要且必要的，应做到以下几点：

(1)添置节药机械后，应仔细阅读使用说明书，了解其技术性能和调节方法、正确使用和维护保养方法等，并严格按照规定进行机具的准备和维护保养。

(2)可转动的机件应按照规定进行润滑，各固定部分应固定牢靠。

(3)各连接部分应连接可靠，拧紧并封闭好，缺垫或垫圈老化的要补上或更换，不得有渗漏药液或漏药粉的地方。

(4)每次喷药后，应把药箱、输液(粉)管和各工作部件排空，并用清水清洗干净。喷施过除莠剂的喷雾器，若再用于喷施杀虫剂，必须用碱水进行彻底清洗。

(5)长期存放时，各部件应先用热水、肥皂水或碱水进行清洗，再用清水清洗干净，可能存水的部分应将水放净、晾干后存放。

(6)橡胶制品、塑料件不可放置在高温或太阳直射的地方。冬季存放时，应使其保持自然状态，不可过于弯曲或受压。

(7)金属材料不要与具腐蚀性的肥料、农药等一起存放。

(8)磨损和损坏的部件应及时修理或更换，以保证作业时良好的技术状态。

4. 手动式节药机械保养

手动式机械作为目前使用量最为广泛的节药机械，其在使用过程中和使用前后应注意如下细节：

(1)每次使用前仔细检查使用前必须细心检查喷杆过滤和喷头内孔是否被杂物堵塞、缸内吸水过滤网是否阻塞、缸桶内是否有杂物、加压皮碗是否有压力以及连杆螺栓是否松动等。

(2)清洗时忌用洗衣粉浸泡零部件部分农户喜欢用洗衣粉浸泡、刷洗零配件上的油脂、污渍，此举会加剧部件的老化和腐蚀。正确的方法是，在清洗喷雾器外表及零部件时，用洗洁精涂抹后再用软刷擦洗，再用一根软管套在自来水龙头上冲洗、晾干(忌在太阳下暴晒)，然后将金属零部件涂抹优质防锈油。

(3)修补胶的配制喷雾器等的外桶一旦有裂缝或喷杆断裂，可自己进行修补。修补胶配方(份)：E－44 环氧树脂 100 克，酚醛树脂 60 克，邻苯二甲酸二丁酯 15 克，丙酮(或酒精)30 毫升，苯二甲胺 20 克。按配方计量后，把环氧树脂和酚醛树脂混合拌拉，加入邻苯二甲酸二丁酯和丙酮搅拌、混匀，再加入苯二甲胺，混匀后即可使用。黏接之前，先把待修补的表面洗刷干净，干燥后用刷子涂胶，晾置一定时间后覆盖玻璃布(预脱脂处理)，再刷几次胶，在室温下放置 24 小时即可固化，待完全固化后方可使用。

(4)停用后的正确保管喷雾器停用后把药液桶、胶管、喷杆等部件的外表擦洗干净，要特别注意清除打气筒上的油垢和外部桶底凹部的泥土。能拆卸的部件都要拆下来洗刷干净，喷杆、喷头的内管壁要用机油冲洗，以免受潮生锈；螺栓螺母等固定件或者经常受到磨损的地方都要涂上防锈油(甘油)，并置于通风、阴凉处存放，发现有损坏的部件要及时修配好。

5. 机动式节药机械保养

机动式机械是以汽油或柴油机动力输出为动力的施药机械，药液经驱动泵压缩后喷洒到农作物上。为保证其技术状态良好，必须正确使用、妥善维护。

(1)清洗喷药作业后，清理机体表面的油污和灰尘，倒尽药箱内残存药液，再灌上清水喷洒几分钟，并将剩余清水排除干净。

(2)及时检查作业后及时检查油管接头是否漏油、漏气，压缩压力是否正常。检查机体外部坚固螺钉，如有松动要拧紧，如脱落要及时补齐，同时补充润滑油和相应机油。

(3)短期存放保养后将机械存放在干燥阴凉处，做好防尘、防灰工作，保持机器清洁，防止电机等受潮、受热。

(4)长期存放长期不用时，除把药液箱、液泵和管道等用水清洗干净外，还应拆下三角皮带、喷雾胶管、喷头和混药器等部件，将其清洗干净后与机体一起放在阴凉干燥处。对塑料部件应避免碰撞、挤压和曝晒。对所有零部件保养后，应用农膜包装盖好，放置在通风干燥处(忌与化肥、农药等腐蚀性强的物品堆放一处，以免锈蚀而损坏)。

第四节　物理节药技术

物理节药技术是指利用温度、光照、颜色、电磁、声、辐射和其他物理技术手段对农田或仓储中的病、虫、草害等进行防治，进而达到减少农药投入的技术。该技术的运用在一定程度上可以有效替代传统化学农药，减少农药施用量，使农作物增产，并保证农产品的质量安全，有利于改善耕地质量，阻止环境恶化和生态退化，具有显著的环境效益、经济效益和社会效益。

一、热力技术

1. 高温杀灭技术

高温杀灭是指利用持续高温使防治对象体内蛋白质变性失活，酶系统受到破坏，进而达到杀灭效果。下面以虫害防治为例，对常用防控方法逐一进行举例说明。

(1)沸水浸烫。该方法适用于消灭数量不多的豆类害虫(如蚕豆象、豌豆象和绿豆象)，一般可以将虫子全部杀死，并且不影响后续发芽率。处理时，先将水烧开，将豆子放入适当大小的容器中，随后用沸水浸泡。一般而言，蚕豆浸 30 秒、豌豆 25 秒。浸烫过程中必须使水温维持在较高水平，并且每次浸烫的豆子数量不能过多，以保证其受热均匀。待浸烫结束后，将豆子放入冷水中冷却，然后置于通风处摊晒、晾干。

(2)日光曝晒。日光曝晒是对仓储粮食进行干燥和防霉治虫最为经济有效的方法。一般在温度为 50℃左右的情况下，将粮食持续曝晒 2～4 小时，即可将其中的害虫全部杀死。如果当地日照条件好、气温较低，可利用太阳能人造场进行晒粮杀虫。该方法简单易行，其具体做法是：在平整干燥的晒场上，先根据粮食数量铺设适当大小的竹帘，再在竹帘上铺设一层黑布。在日照下，待黑布晒热温度升高到 40℃左右时，将粮食均匀地平摊在黑布上，厚度为 3～5 厘米。粮食摊平后，在粮食的上面覆盖一层黑布，再在黑布上面放置竹架，竹架上再覆盖一层塑料薄膜。竹架的高度以能使黑布与塑料薄膜之间达到 20～30 厘米的空间为宜。薄膜四周要用长沙袋或砖石等镇压物压紧，并要在塑料薄膜的四周留出一些排气孔，供晒热的粮食排出水汽之用，以防止结露，排气孔要在薄膜内出现水汽时打开。使用太阳能人造场与普通日晒法相比，其降低含水率效果提升一倍以上，并且能将粮食中的害虫全部杀死，是一项有效杀灭害虫和降低仓储粮食含水率的经济措施。

(3)远红外杀虫。远红外杀虫是新型的高温杀虫方法，远红外线是波长2.5～100微米的电磁波，具有光的特性。通常设备为远红外烘箱，烘箱以电能为热源，通过光学组件转变为远红外线，利用其特有的热效应及穿透力，达到杀虫的目的。照射温度和时间是保证杀灭效果的关键。远红外线照射的能量流可使被照射物体内部和外部均匀受热，快速达到害虫致死高温。

2. 微波杀虫技术

微波杀虫的基本原理是当虫体在高效能的微波作用时，在热效应机理和非热效应机理的双重作用下，最终致使害虫死亡。如德国车荷恩赫农业机械公司研制生产了一种微波灭虫犁，这种犁的犁尖壳内有台6000瓦的微波发射机，该犁用拖拉机或农用车带动，在耕作翻土时，微波通过犁尖发射到土壤中，可消灭50厘米深土层中的害虫和病菌，起到对土壤消毒、灭虫的作用。又如河北省高碑店市微生物研究所研制的粮食杀虫灭菌机，采用紫外线和臭氧杀菌相结合的方法对粮食进行处理，由计算机控制全部工作程序。其特点是无药物残留、无环境污染，不破坏粮食固有的营养成分，提高了仓储粮食的品质，延长了粮食保存期。

3. 低温冷冻杀虫技术

低温冷冻杀虫是根据害虫的生活习性. 将害虫置于致死低温环境之中，达到杀灭害虫且环保的一项物理治虫技术。低温冷冻杀虫可以根据当地情况，采取仓外冷冻、仓内冷冻或者是仓内外冷冻相结合的方法进行。对玉米象、米象、豆象和麦蛾等隐蔽性储粮害虫，以及锯谷盗、日本蛛甲和螨类等耐寒力强的害虫，杀灭效果较为显著。

二、分离捕集技术

在农业生产中往往利用物理机械装置，并结合光照、色板和性诱剂等手段对病虫害进行靶标式隔离、捕集或杀灭，可大大减少农药的使用量，达到节药农药、保护环境的目的。

1. 机械分离捕集技术

(1)仓储害虫防治。主要是根据害虫和粮食的形状、大小、密度的不同，以及在机械运动中害虫受惊表现出的假死习性，利用风力和筛子等措施将害虫和粮食分开进行防治。主要方法有：一是风车除虫。在粮粒与害虫通过风车时，由于比重和形状的不同，在气流的作用下，比重较小的害虫、尘杂被风吹到了相对较远的地方，而比重较大的粮粒则落至较近处，进而将粮粒与害虫分开。二是筛子除虫。筛子除虫是利用粮粒和害虫的大小、形状不同，选用不同筛孔的筛子，通过过筛使粮粒和害虫发生分离。在我国农村中有着广泛应用的手筛、吊筛和溜筛就属于此类器具。

(2)农业害虫防治。以我国时常暴发的蝗害为例，目前应用最为广泛的是适于治理草原蝗害的负压气流吸捕机械化灭蝗技术。该技术利用拖拉机动力输出轴驱动风机产生较强负压气流，在行走过程中实现对草地蝗虫的吸入式捕集。目前主要有：青海省机械科学研究所的徐萌生等人研制了气吸式草原蝗虫捕集机；马耀等人研制了一种草原蝗虫吸捕集机、适于农耕地的气吸式灭蝗机；姚福祥研制了一种高速灭蝗采蝗汽车等。其中适于农耕地的气吸式灭蝗机每天可以灭蝗 6～8 公顷，成本仅为每公顷 10～15 元。

2. 食饵诱杀

食饵诱杀主要的方法有：一是毒饵诱杀。如在耕作定植前，用 90%美曲膦酯晶体可大量杀死地老虎和蝼蛄等。二是糖醋液诱杀，取糖 6 份、食醋 3 份、白酒 1 份、90%美曲膦酯晶体 1 份、水 10 份充分混匀，装入广口容器中，放于田间可诱杀甘蓝夜蛾、地老虎等成虫。此外，还可以用苍蝇纸诱杀潜叶蝇。

3. 潜所诱杀

利用害虫的生活习性，营造各类符合其习性的场所，引诱害虫潜伏或越冬，并予以消灭。如谷草把诱杀，在东北，将高粱秸或玉米秸每五六捆架成三脚架，或以 0.67 米长的谷草扎紧一端成 0.067～0.1 米粗的草把，引诱黏虫蛾子潜伏，清晨检查、消灭。又如杨柳枝诱杀，将长约 60 厘米、直径 1 厘米左右半枯萎的杨柳枝或榆树枝每 10 枝捆成一束，基部一端绑一根木棍，每亩插 5～10 束枝条，并蘸 90%美曲膦酯 300 倍液，该法可诱杀烟青虫、棉铃虫、黏虫、斜纹夜蛾和银纹夜蛾等害虫。

4. 作物诱集

将害虫喜欢的植物栽种在田间小块土地上，引诱害虫群集取食或集中产卵，并伺机加以消灭。例如，在大片茄园附近种植少量马铃薯，以诱杀马铃薯瓢虫。在棉田间作玉米，诱集棉铃虫在玉米上产卵，并予以消灭。

5. 光照诱捕

利用昆虫的趋光性，应用光线诱杀农业害虫是一项重要的物理防治措施，也是综合防治的重要组成部分。我国 20 世纪 60 年代开始推广的黑光灯诱杀成虫技术取得了很好的成效。

最近，频振式杀虫灯开始在一些地区引进推广。频振式杀虫灯借鉴黑光灯的基本原理和应用经验，利用害虫的趋光波特点，将频振波作为一项诱杀害虫成虫的新技术加以应用，并将光的波长范围拓宽至 320～400 纳米，增加了诱捕害虫的范围。该技术使用范围很广，可广泛地应用于蔬菜、仓储、茶叶、烟草、园林、城镇绿化和水产养殖等方面。国产频振式杀虫灯品牌众多，其中以佳多频振式杀虫灯最具代表性，它针对昆虫小眼视柱周围色素对光具有趋向的特点进行研发，利用昆虫不断释放性激素的习性，通过技术手段加以控制，使天然性激素引诱得到充分发挥。可诱杀棉花、水稻、小麦、杂粮、豆类、蔬菜、果树和烟草等多种作物上的多种害虫。

6. 色板诱捕

色板是根据昆虫的趋色性，利用特殊黏合剂，诱捕某些飞行和爬行类昆虫的一种装置。不同种类的昆虫，其趋色性不同，如蚜虫、粉虱、叶蝉和潜叶蝇等昆虫对黄色有较强的趋向性，而在夜间活动的一些蛾类和甲虫则对360～400纳米的紫外光有很强的趋向性。一座栽种蔬菜330米^{2}的温室，常规防治每次开支约16元，一个生产周期防治次数不低于6次，费用总计约96元。若采用色板，每间温室挂3张，花费仅为84元，且综合防效优于传统防治。

7. 性诱剂诱捕

昆虫性诱剂是仿生高科技产品，通过诱芯释放人工合成的性信息引诱雄虫至诱捕器，杀死雄虫，达到防治虫害的目的。这里以蔬菜生产中性诱剂的使用为例进行说明，相关原则和注意事项在其他防治领域同样适用。

(1)正确选择性诱剂。所选性诱剂要对防治靶标具有较高的专一性，目前蔬菜生产中大范围应用的性诱剂主要是针对斜纹夜蛾、甜菜夜蛾和小菜蛾的若干种性诱剂。

(2)选好诱芯、及时更换。诱芯是性诱剂的载体，必须选择适宜的旋芯才能使性信息素分布均匀，释放稳定且延续长久。使用时还要根据诱芯产品性能及天气状况适时更换，以保证诱杀效果，每根诱芯一般使用30～40天。

(3)诱捕器的设置。诱捕器可挂在竹竿或木棍上，固定牢，高度应根据防治对象和栽培作物进行适当调整，太高、太低都会影响诱杀效果。一般斜纹夜蛾和甜菜夜蛾等体型较高的害虫专用诱捕器底部距离作物(露地甘蓝、花菜等)顶部20～30厘米，小菜蛾诱捕器底部应距离作物顶部10厘米左右。同时，挂置地点以上风口处为宜。诱捕器的设置密度要根据害虫种类、虫口密度、使用成本和使用方法等因素综合考虑。一般针对斜纹夜蛾和甜菜夜蛾每 2～3 亩设置 1 个诱捕器、每个诱捕器 1 个诱芯；针对小菜蛾每 1～2 亩设置 1 个诱捕器，每个诱捕器 1 个诱芯。

(4)使用管理。管理是性诱剂应用过程中的重要环节，科学管理可以大大提高性诱剂的防治效果。管理主要是及时清理诱捕器中的死虫，并进行深埋；适时更换诱芯，既要确保诱杀效果又要保证诱芯发挥最大效能；使用完毕后，要对诱捕器进行清洗，晾干后妥善保管。性诱剂使用应集中连片，这样可以更好地发挥性诱剂的作用。

(5)防治时机选择。根据诱杀害虫在当地发生的时间确定和调整性诱剂应用时间，总的原则是在害虫发生早期，虫口密度较低时开始使用效果较好，可以真正起到控前压后的作用，而且应该连续使用。

三、气调技术

在传统高温杀虫的基础上，通过填充气体(如 CO_2 和 N_2 等)，辅以一定比例的(混合)熏蒸药剂(如溴甲烷和磷化氢等)，并结合地膜铺设等技术，造成特定环境内氧气含量大幅下降，也可以对环境中的害虫和绝大多数病原微生物有效杀灭和防控。如河南工业大学黄志宏等人曾在高温高湿地区仓储杀虫中利用氮气充填增强害虫杀灭效果，其研究数据显示，充填氮气虽然在一定程度上增加了防治成本，但该方法能够替代长期使用的磷化氢杀虫法，在一定程度上实现了绿色无公害储粮，大幅减少有害物质对仓储保管人员等的危害，并建议将氮气充填作为常规仓储保管方法加以应用(氮气浓度维持在95%以上)。

四、激光技术

1. 激光杀虫技术

不同种类的昆虫和微生物对不同频率的激光敏感程度不同，可以根据不同靶标特性选用相应的激光进行照射，增强防治的特异性。红宝石激光器发射波长为694.3纳米的激光，能杀死颜色较深的皮虫、棉红蛛和红叶螨等害虫；氩离子激光器发射的488纳米蓝色光，在水平传播时衰减很小，其对水中的孑孓有很强的杀伤力；二氧化碳激光器发射的不可见光对消灭飞行中的蝗虫非常有效；在强度较高的激光作用下，虫卵的孵化率大大降低，可显著阻止害虫繁殖；利用昆虫复眼对不同波长光的识别能力差异，用可调激光可以诱使害虫进入捕虫器并杀灭。

2. 激光除草技术

激光除草是利用杂草和作物叶片所含叶绿素差异，选择杂草叶片吸收性最强的激光扫描农田，杂草叶子因吸收过量的激光能量而枯萎、死亡，作物的叶片吸收到激光能量相对较少，对其生长不构成严重危害。激光除草技术的发明，直接减少了农用除草剂的使用，对农业生态环境的保护起到了积极的促进作用。利用激光能量可选择性防除陆生和水生植物，例如：使用650瓦、10.6微米的N_2—CO_2—He激光器，束宽0.33米时，照射0.25秒，即可导致水下水生杂草因基础代谢过程中断而死亡，水生风信子属杂草和莲子草等辐射后几乎立刻枯萎。美国陆军工程兵团运用激光来控制航道中水生杂草滋生，用功率为1 350瓦激光器照射水草1.9秒，即可取得预期效果；用功率为650瓦的激光器照射0.025秒也有明显的除草作用。

五、声控技术

当声波频率与害虫自身频率一致时，就会产生谐振，使敏感害虫产生厌恶感或恐惧感，影响其正常进食，使其难以生存、繁育，主动离开。伴随着这一现象的发现及其机理阐释，声控法被越来越多地应用于杀虫控虫领域。如我国研制的“农作物声波治虫仪”是利用声波共振的原理，依据为害作物的不同害虫对不同频率声波及其对天敌声音产生过激反应的特点，发出共振声波，致使害虫受到惊吓、停止取食、肌肉萎缩，直至死亡，并达到减少化学农药使用的目的。这类仪器设备可以广泛地应用于粮田、蔬菜、果园、茶园、林木和烟田的害虫防治，除了能够减少化学农药对环境的污染、避免害虫天敌被毒害外，还具有以下独特优势：一是治虫范围广，可针对不同害虫，调制出能够引起害虫产生过激反应的不同声波；二是防虫面积人工可控，利用1台主机控制多台分机，分机可按害虫分布的范围和密度人为设定；三是使用经济，设备一次性投入可多年使用，每次使用所消耗的只有少量的电能；四是治虫效果好，在准确预测害虫发生期的前提下，可将害虫为害程度降低85%；五是操作简便，不需要专业的技术人员；六是安全可靠，对人畜无伤害。

六、辐照技术

辐照防治害虫技术是利用各种电磁波照射虫卵、幼虫、蛹和成虫等，昆虫受到辐照后体内发生一系列的生理和结构变化，致使代谢紊乱，生育能力丧失，严重的直接导致个体死亡，以此达到有效杀灭害虫和减少化学农药使用目的的一类物理防治技术。在众多的电离辐射中被广泛应用于辐照杀虫的主要是γ射线、10兆电子伏以下的电子束和X射线（5兆电子伏），三种杀虫射线的比较如表6-1所示。

表6-1 主要辐照杀虫射线对比

项目	γ射线	电子束	X射线
性质	电磁波	带电粒子束	波粒二相性
能量	1.17兆电子伏、1.33兆电子伏、0.66兆电子伏	＜10兆电子伏，可调	＜5兆电子伏，可调
剂量率	低	高	—

续表

项目	γ射线	电子束	X射线
污染	核废料	无	无
穿透力	强；能穿透混凝土、铅	弱；在水中2.5兆电子伏的电子束的穿透力为4厘米	中；在水中3兆电子伏的射线与钴源γ射线相当

1. γ射线杀虫技术

γ射线是一种波长极短的电磁波，具有极强的灭菌杀虫能力，目前用来照射的射线源主要是钴60（^{60}Co）和铯（^{137}Se），两种同位素都能放出穿透力极强的γ射线，但^{60}Co的应用更为广泛。Watters等研究了五种储粮害虫（杂拟谷盗、赤拟谷盗、锈赤扁谷盗、谷蠹和谷象）在62.5～1500戈瑞范围内的辐照效应，发现在500戈瑞辐照作用下，五种害虫最多只能存活三周。γ射线辐照后对储粮的品质基本没有影响，刘书城等用^{60}Co对玉米、大米和小麦进行辐照，研究玉米象和豌豆象的致死剂量，同时研究辐照对储粮品质的影响，发现辐照剂量在0.2～2.0千戈瑞时对玉米、大米和小麦的蛋白质、总糖、还原糖、淀粉含量，以及18种氨基酸的含量均无明显影响。

2. X射线杀虫技术

不同的生物细胞，对X射线有不同的敏感度，当害虫体内X射线积累到一定的剂量时，其机体会遭受损伤，直至死亡。由于^{60}Co加速器建站投资大、运行费用高。因而，在应用辐照杀灭储粮害虫时，仍以通用X射线辐照装置为主而非独立辐射站，通用X射线辐照装置在替代溴甲烷等化学熏蒸法杀虫灭菌方面作用也更加突出。一台X射线辐照装置可产生每小时25千戈瑞左右的辐射量，每天可处理200～400吨粮食，年处理能力可达4万～6万吨，每年可从虫口夺回几千吨粮食，而处理成本仅为每千克几分钱。

3. 电子束杀虫技术

研究表明，电子束辐照杀虫可以直接杀死害虫或导致其不育、不孵化和不羽化，对害虫防控效果明显，可作为化学熏蒸法的替代方法或有益补充。该技术具有辐照束流集中、定向，辐照效率高，不产生放射性废物，无残毒，环保，低能耗和运行操作简便等特点。

七、阻隔技术

根据防治对象的生活习性(侵染和扩散行为)，设置各种物理障碍，阻隔害情蔓延，并起到一定的节约用药效果的措施被称之为阻隔法节药技术。常用的阻隔法节药技术主要有下面几种。

1. 果实套袋技术

目前果实套袋技术已广泛应用到苹果、桃、梨、柑橘、橙子、柚子等生产上。如莫永坤等人在研究柚果套袋防虫技术时发现，针对柚类虫害，使用化学农药防治效果差，并会导致柚果减产，其商品价值也会受到影响。采用套袋防虫技术后，柚果外形美观，品质优良，节约用药 20%，经济效益比对照每亩增收 466.92 元(40 株)，增幅 27.3%，收益显著。

2. 树干涂胶技术

涂胶技术不仅可以防止树木害虫下树越冬或上树为害，还可以对害虫的发生情况加以测报。如在春尺蠖防治过程中利用雌成虫无翅且体态肥胖的特点，采用在树干一周涂松脂涂胶的方法进行处理，简便易行且收效良好。松脂涂胶的熬制方法如下：取松香 10 份，蓖麻油 10 份，黄油和白蜡各 1 份；将蓖麻油烧开，加入松香化开；再加入黄油和白蜡化开，冷却。使用时用温火加热熔化即可，有效期达 25～30 天。

3. 树干刷白技术

秋冬季节，刷白剂对树木有杀虫灭菌和保温防冻的作用。该法操作简便，预防效果好且成本低廉。常见刷白剂主要为以下三种：一是硫酸铜石灰刷白剂(有效成分及配比为：硫酸铜 500 克、生石灰 10 千克)，二是石灰硫黄刷白剂(有效成分及配比为：生石灰 8 千克、硫黄 1 千克、食盐 1 千克、动/植物油 0.1 千克、热水 18 千克)，三是石硫合剂石灰刷白剂(有效成分及配比为：石硫合剂原液 0.25 千克、食盐 0.25 千克、生石灰 1.5 千克、动/植物油适量、水 5 千克)。

4. 粮面压盖技术

在粮食仓储害虫杀灭活动中，一般粮面覆盖草木灰、糠壳或惰性粉等可阻止仓虫侵入为害。针对蛾类害虫(主要是麦蛾)喜好在粮面交尾、产卵和羽化的习性，可采用适当物料，将粮面压盖密闭，使成虫无法在粮面产卵，起到防治作用。

5. 掘沟阻杀技术

该技术适用于应对一些根部病害，如白纹羽病、紫纹羽病、根癌病、根腐病、白绢病和根结线虫病等。目前，多采用的实施方式是：发现病株后，及时在周围挖深 1 米以上的隔离沟进行封锁，防治病菌向健康植株蔓延。

6. 防虫网技术

防虫网覆盖栽培是一项实用的环保型农业生产新技术，覆盖在棚架上构建人工隔离屏障，将害虫拒之网外，切断害虫(成虫)繁殖途径，可有效控制各类害虫，如菜青虫、菜螟、小菜蛾、蚜虫、跳甲、甜菜夜蛾、美洲斑潜蝇和斜纹夜蛾等。此外，防虫网还具有透光、适度遮光、抵御雨水冲刷和抗冰雹侵袭等作用，能够为作物生长创造有利条件，大幅度减少化学农药的使用，使产出的农作物优质、高产、安全，为生产无公害绿色农产品提供强有力的技术保证。据试验数据显示，防虫网对白菜菜青虫、小菜蛾、豇豆荚螟和美洲斑潜蝇的防效可达 94%～97%，对蚜虫的防效可达 90%以上。对于经害虫(特别是蚜虫)传播的病毒型病害，铺设防虫网可显著减少减轻农作物病毒病的发生和危害。

7. 薄膜节药技术

(1)树干包膜技术。该技术可预防天牛、木蠹蛾、大青叶蝉、苹果腐烂病和轮纹病等病虫害，并可减轻冻害和日灼的危害程度。光滑树干可直接包扎薄膜，若树干粗糙可在主干上下两端各刮一圈光滑面，露出白色韧皮层即可，去除主干上的枯枝、萌芽后包扎。将薄膜紧贴主干拉紧绕两周，用细绳在主干两端扎紧。幼树生长快，应在生长季节重新绑扎一次，以免细绳勒入主干。树干包膜一年四季均可进行(当主干有霜露和雨雪时不宜进行)。包干前若在干部涂抹内吸性杀菌或杀虫剂，则效果更佳。

(2)铺设彩色地膜技术。红色膜覆盖，水稻秧苗长势旺盛；棉花类株苗高；辣椒长势明显优于自然光下栽种对照；番茄果实大，果型整齐，品质好；马铃薯品种更为优良。黄色膜覆盖黄瓜，可使黄瓜增产50%～100%；覆盖芹菜，可使芹菜叶大茎粗，株型得以改良，延迟抽薹，延长食用期。蓝色膜覆盖胡萝卜和韭菜，除可提高品质和产量外，还可提早进行收获；用蓝膜覆盖水稻育秧，可增加秧苗叶绿素含量和发根力，提高水稻移栽成活率和秧苗分蘖率，提高产量。在内蒙古地区，应用黑膜覆盖果菜类和秋甘蓝等，2个月左右时间田间基本无杂草，黑膜覆盖西瓜较覆盖普通地膜对照增产13.5%。

第五节　生物防治技术

生物防治技术就是利用各种有益的生物或生物产生的活性物质及分泌物，来控制病害及虫、草群体的增殖，以达到压低甚至消灭病虫草害的目的。生物防治主要有四方面内容：一是以虫防虫，即利用捕食性和寄生性的昆虫如蚜狮、草蛉、寄生蜂和瓢虫等防治虫害；二是利用以害虫为食料的脊椎动物来防治害虫，如鸟类、蛙类等；三是利用微生物防治病虫害，即利用昆虫病原微生物和植物病原菌如细菌、真菌、病毒等及其代谢产物(毒素、抗生物质等)防治病虫害；四是杂草的生物防治，即利用食草性昆虫和专性寄生于杂草的病原菌防治杂草。生物防治以其无毒、低害、无污染、不易产生抗药性和高效等优点，在植物病虫草害防治中越来越受到人们的重视。

一、利用害虫天敌防治虫害技术

生态系统中，根据种间关系可将物种的天敌分为两大类：捕食性天敌和寄生性天敌，利用天敌进行虫害防治正是有效地利用了这两种关系。

1. 捕食性天敌(非昆虫类)防治技术

主要有野生食虫益鸟、食虫家禽、食虫蛙类、食虫鱼类等。

(1)野生食虫益鸟与防治。我国鸟类资源十分丰富，以昆虫为食料的鸟类大约有 622 种，常见的食虫益鸟共计 7 目 17 科 57 种，如红脚隼、普通燕行鸟、白翅浮鸥、大杜鹃、四声杜鹃、小鸦鹃等。主要捕食害虫有蚜虫、螨、黏虫、蝗虫、玉米螟、稻螟虫、松毛虫、天牛、松毛虫、山楂粉蝶、刺蛾、巢蛾、金龟、地老虎等数百种之多。据统计，大山雀一天之内可以消灭害虫 400 多条；一对家燕和它的雏鸟，在整个繁殖期可以吃掉 50 万～100 万只昆虫；群居的椋鸟能消灭数以吨计的蝗虫；一只灰喜鹊一年内可消灭松毛虫 15 000 多条，能够保护一亩松林等。

(2)食虫家禽与防治。养鸭、养鸡除虫是我国农民因地制宜常用的治虫办法，在防除农田、林木、草地害虫方面有很大的潜力。鸡、鸭捕食的害虫种类繁多，常见的有黏虫、地老虎、稻田害虫、蝼蛄、蛴螬、松毛虫、天幕毛虫、棉铃虫、棉蚜、造桥虫、豆天蛾、土蝗和飞蝗叶甲等。稻鸭共育是有机水稻生产的一种有效方式，也是一项生态型种养新技术。利用稻田中的杂草、昆虫、水中浮游物和底栖生物养鸭，既保证鸭子生长，又起到除草、灭虫、净田的良好效果；还具有增加土壤肥力等作用，既能促进水稻生长，又能改善水稻群体的生态环境，进而提高稻田的生产效益。稻鸭共育对稻田杂草和稻飞虱、叶蝉等害虫具有较好的生物防治效果。

(3)食虫蛙类与防治。此类天敌属于两栖动物，有益的有大蟾蜍、中华大蟾蜍、中国雨蛙、泽蛙、虎纹蛙、粗皮蛙等。它们捕食害虫的数量和种类十分惊人，如一只中华大蟾蜍平均一天可捕食蝗蝻 166.9 头，是农田、林区和草原消灭害虫的能手，控制害虫作用十分明显。

(4)食虫鱼类与防治。这类天敌主要用于防除水田中蚊类害虫。在我国鱼类中食水生害虫的鱼类有白鲢、草鱼、花鲢、青鱼、锂鱼、鲫鱼、黄颡鱼、麦穗鱼、青鳟鱼等，主要捕食中华按蚊和三带喙库蚊等。我国稻田养鱼从南方到北方已全面推广应用，取得了良好的环境、社会和经济效益，颇具推广价值，如草鱼对杂草的食量很大，对茭白田的 15 科和 20 余种杂草均呈抑制作用。

2. 捕食性昆虫防治技术

主要有：瓢虫类昆虫、步甲类昆虫、虎甲类昆虫、食蚜蝇、椿象、草蛉类昆虫、螳螂、蜻蜓、蚁类昆虫、蜘蛛类昆虫等。

(1)瓢虫类昆虫与防治。常见的瓢虫类昆虫有：二十八星瓢虫、异色瓢虫、七星瓢虫、龟纹瓢虫、十三星瓢虫、红颈瓢虫、中华显盾瓢虫、澳洲瓢虫、大红瓢虫、红环瓢虫等，能对害虫的成虫、幼虫(幼虫)、卵和蛹进行捕食，捕食数量很大。一般而言，一头瓢虫一天可以捕食 50～80 头蚜虫。捕食的害虫主要有各种蚜虫、螨、介壳虫、叶蝉、飞虱、蓟马、小叶甲、鱼类翅目害虫、黏虫、草地螟、玉米螟、甘蓝夜蛾、菜青虫、小菜蛾、刺蛾等。

(2)步甲类昆虫与防治。田间常见的种类有：中华广肩步甲、赤胸步甲、毛青步甲、斑步甲、黄缘步甲、麻步甲、逗斑青步甲等。

捕食的害虫种类有：黏虫、草地螟、地老虎、蝼蛄、金针虫、拟地甲、蛴螬、白边切根虫、甘蓝夜蛾、甜菜夜蛾、大豆食心虫、桃蛀果蛾、叶甲、蚜虫等害虫。

(3)虎甲类昆虫与防治。常见种类有中国虎甲、多型红翅虎甲、多型铜翅虎甲、曲纹虎甲、双狭虎甲等。这类天敌昆虫的成虫和幼虫都能够捕食害虫的成虫、幼虫(若虫)、蛹，是蝗虫类的主要天敌。

(4)食蚜蝇与防治。常见分布较广的有黑带食蚜蝇、大灰食蚜蝇、黑盾壮食蚜蝇、月斑鼓额食蚜蝇、纤腰巴食蚜蝇、狭带食蚜蝇，以及刺点小食蚜蝇等。捕食对象包括各种蚜虫、介壳虫、粉虱、叶蝉、蓟马、蝼翅目蛾和蝶类害虫的低龄幼虫。食蚜蝇成虫产卵在蚜群中或附近，卵孵化后立即捕食害虫，每头幼虫一生可捕食 100～1000 头害虫。

(5)椿象与防治。常见分布较广的有蜀蝽、多瘤蝽、海南蝽(厉椿)、暗色姬蝽、赤缘猎蝽、小花蝽和黑食蚜盲蝽等。这类天敌昆虫的成虫和若虫均能捕食害虫的幼虫和卵，如黏虫、刺蛾、松毛虫、山楂粉蝶、蚜虫、蝗虫、叶蝉、木虱、介壳虫、叶甲等。

(6)草蛉类昆虫与防治。常见和分布较广的草蛉有大草蛉、丽草蛉、中华草蛉、多斑草蛉、牯岭草蛉等。捕食的害虫有蚜虫、红蜘蛛、介壳虫、木虱、粉虱、叶蝉、鳞翅目蛾、蝶类的卵和幼虫。

(7)螳螂与防治。螳螂是一类体型较大的天敌昆虫，成虫和幼虫都能捕食体型较大或较小的害虫成虫、幼虫、卵，常见的种类有中华螳螂。捕食的害虫种类也较多，有蚜虫、螨类、粉虱、木虱、椿象、蟋蟀、蛾、蝶类、叶甲等。

(8)蜻蜓与防治。这类天敌昆虫是捕食性的昆虫，常见的种类有黄衣、赤卒、大青丝蜻蜓、四星蜻蜓、深山红蜻蜓、银蜻蜓等。捕食的害虫包括蚜虫、粉虱、潜叶蝇、叶螨和蛾蝶类小甲虫等。

(9)蚁类昆虫与防治。此类天敌昆虫主要捕食害虫的幼虫，主要种类有红树蚁和红蚂蚁等。此类天敌昆虫捕食的害虫已知有 60 多种，主要分布在我国广东、台湾、福建、江苏、浙江、江西、安徽和山东等省份。

(10)蜘蛛类昆虫与防治。常见的天敌蜘蛛有黑斑卷叶蛛、草间野外蛛、近亲幽灵蛛、角圆蛛、八斑圆蛛、山地艾蛛、草间小黑蛛、横纹金蛛、温室希蛛、黑侏儒蛛、中华狼蛛、星豹蛛、山形猫蛛、双弓管蛛、金黄逍遥蛛、圆花叶蛛、鞍形花蛛、白纹猎蛛、拟环纹狼蛛、八斑球腹蛛等。捕食的害虫有稻飞虱、叶蝉、蚜虫、蓟马、粉虱、蛾蝶类、潜叶蝇、叶甲、甲虫等百余种。湖南汀阴、慈利、邵阳和湖北石首等地，采用枯草助迁蜘蛛到稻田的方法诱杀飞虱、叶蝉、稻苞虫和稻纵卷叶螟，收效十分显著。

3. 寄生性天敌防治技术

寄生性天敌按被寄生寄主的发育期来说，可分为卵寄生、幼虫寄生、蛹寄生和成虫寄生等。

(1)卵寄生。卵寄生昆虫的成虫把卵产入寄主卵内，其幼虫在卵内取食、发育、化蛹，至成虫才咬破寄主卵壳外出自由生活，例如赤眼蜂科、缘腹卵蜂科(黑卵蜂)、平腹蜂科和缨小蜂科的大多数种类等。

(2)幼虫寄生昆虫。幼虫寄生昆虫的成虫把卵产入寄主幼虫体内或寄主体外，其幼虫在寄主幼虫体内或体外取食、发育，成熟幼虫在寄主幼虫的体外或体内化蛹，羽化为成虫后自由生活。例如小蜂总科的许多种类，姬蜂总科的许多种类，寄蝇、麻蝇的许多种类等。

(3)蛹寄生昆虫。蛹寄生昆虫的成虫把卵产于寄主蛹内或蛹外，其幼虫在寄主蛹内或蛹外取食，在寄主蛹内或蛹外化蛹，成虫早期自由生活，小蜂总科、姬蜂总科、寄蝇和麻蝇的许多种类均属于这个类群。

(4)成虫寄生昆虫。成虫寄生昆虫把卵产于寄主的成虫体上或体内，其幼虫在寄主体内或附在寄主体上取食、发育，在寄主体内或离开寄主化蛹，例如小蜂总科、姬蜂总科、寄蝇，以及一些种类的麻蝇等。

(5)特殊寄生。例如，广黑点瘤姬蜂产卵于老龄的寄主幼虫体内，寄主化蛹后仍在蛹内大量取食，在寄主蛹内结茧化蛹，成虫破寄主卵壳而出自由生活。具有这种生活习性的可称为“幼虫蛹寄生”。

又如，一些甲腹茧蜂产卵于寄主卵内，蜂卵或初孵幼虫落入寄主胚体之中，至寄主孵化后发育至一定时期才大量取食、迅速发育、化蛹羽化，其发育过程跨越卵和幼虫两个虫态。具有此类寄生习性的可被称为“卵一幼虫寄生”。

此外，还有一些“卵—蛹寄生”或“若虫—成虫寄生”的类群，这些寄生现象也被称为跨期寄生。例如，在日本小菜蛾是对农作物破坏性最大的害虫之一，它的幼虫会吞食茎椰菜、结球甘蓝、花椰菜、小萝卜和孢子甘蓝，且多数已适应化学杀虫剂。它的天敌是比它还小的蜂，不用放大镜很难发现。蜂在产卵时，会把卵产在小菜蛾的幼虫体内，当蜂卵孵化成幼蜂时，幼蜂便会吃掉小菜蛾的幼虫，进而达到防治小菜蛾的目的。

二、利用微生物防治病害技术

利用微生物进行生物防治主要优势在于：微生物的种类和数量众多，在根际、土壤和植株表面等处均大量存在；微生物对病原菌的作用方式多样，可通过竞争、颉颃、寄生、诱导植物产生抗性等方式对害虫和病原菌产生影响；微生物繁殖速度非常快；很多微生物可以人工培养，便于控制，在实践中易于操作；有些微生物在防治病害的同时还可以增加作物产量。用于生物防治的微生物主要包括真菌、细菌和放线菌三类。

1. 细菌防治技术

在生物防治细菌中，研究较多的是芽孢杆菌属、假单胞菌属如荧光假单胞菌、丁香假单胞菌和洋葱假单胞杆菌、放射农杆菌和某些病原细菌的无毒性突变株等。

(1)芽孢杆菌与防治。目前应用于生物防治的芽孢杆菌种类主要有枯草芽孢杆菌、蜡状芽孢杆菌、巨大芽孢杆菌、短小芽孢杆菌，以及多黏芽孢杆菌等。国外利用枯草芽孢杆菌防治丝菌、腐霉菌和镰刀霉菌等引起的病害均取得了较好的应用效果。短小芽孢杆菌可用于小麦根腐病和草莓灰霉病的防治；巨大芽孢杆菌 B1301 处理种姜能够有效地防治由伯克氏菌引起的生姜细菌性青枯病，在种姜带菌率小于 5%的情况下，防治效果在 75%以上；多黏类芽孢杆菌可用于防治棉花黄萎病、黑根腐、炭疽病、赤霉病、玉米全蚀病、水稻白叶枯病、花生青枯病、马铃薯软腐病、黄瓜角斑病和青椒疮痂病等病害，对鹰嘴豆枯萎病、油菜腐烂病和黑松根腐病等病害控制效果良好，美国环境保护署已将其列为商业上可应用的微生物种类。

(2)假单胞菌与防治。假单胞菌属细菌，无核，革兰氏阴性细菌，菌体直或稍弯，以极生鞭毛运动，不形成芽孢，化能有机营养型，严格好氧或兼性好氧，大量存在于作物根际和土壤之中。许多菌株对作物病害呈现抑制作用，并能促进植株生长。其中，荧光假单孢菌是报道最多，在防治土传病害方面应用效果较好的一类生物防治菌，其对马铃薯、黄瓜、甜菜、豌豆、胡萝卜和小麦等作物的常见土传病害(如猝倒病、枯萎病、软腐病和全蚀病等)皆有不同程度的防治效果。

(3)放线菌与防治。放线菌是人们最早开始研究，并应用到生产实践之中的生物防治微生物之一。其中，最具生物防治价值的放线菌是链霉菌及其变种。沈凤英等分离出玫瑰黄链霉菌 Men-myco-93-63 颉颃菌，该菌株及其发酵液对棉花黄萎病菌和瓜类白粉病菌等多种重要的作物病原菌有较强的抑制作用。灰绿链菌的孢子和菌丝制成的制剂可以用来防治常见的一些土传病原菌，如镰刀菌、疫霉菌和丝核菌等。此外，在对稻瘟病、辣椒疫病、小麦纹枯病、玉米丝黑穗病和紫花苜蓿根腐病等的防治中也有相关抗放线菌的报道。

(4)放射农杆菌与防治。20 世纪 70 年代，澳大利亚 Kerr 等人从土壤中分离得到一株放射农杆菌，该菌株可以产生含核苷类物质细菌素 Agrocin 84。在生产中利用活体菌剂或该菌的次生代谢产物 Agrocin 84 均可有效地防治由根瘤土壤引发的桃、樱桃、葡萄和玫瑰等作物的根癌。近年来，我国分离出对葡萄根癌病有显著防效的放射杆菌 HLB2E26 和 M115，经大田试验防效可达 85%。

2. 真菌防治技术

真菌是一类真核生物，最常见的真菌是蕈类、霉菌和酵母三类。目前，已报道的可用于生物防治的真菌主要有木霉菌、毛壳菌和青霉菌等多种。

(1)木霉菌与防治。木霉菌作为一种丰富的颉颃微生物，在作物病害生物防治中具有极其重要的作用。主要有：哈茨木霉、绿色木霉、钩状木霉、长枝木霉、康氏木霉、多孢木霉和棘孢木霉等。据不完全统计，木霉菌至少可对 18 个属 29 种作物病原菌表现出颉颃活性。田连声等利用木霉菌菌株的培养物防治草莓灰霉病，防治效果可与常用化学农药多菌灵相媲美，其防效在 90%以上。绿色木霉处理西瓜幼苗能有效增强瓜苗长势，促使根系生长旺盛，抑制西瓜枯萎病菌滋生。木霉菌对棉花黄萎病菌具有强烈的抑制作用，康氏木霉、哈茨木霉、拟康氏木霉及黏帚毒对西瓜枯萎病菌、生菜菌核病菌和番茄青枯病菌均有较强的抑制作用。

(2)毛壳菌与防治。毛壳菌通常存在于土壤和有机肥之中，在作物残体、草食和杂食动物及鸟类的粪便中也常见其行踪。毛壳菌成为作物病原菌的生物防治菌被广泛加以应用。毛壳菌有 300 多个种，可预防谷物秧苗的枯萎病、甘蔗猝倒病，降低番茄枯萎病和苹果斑点病的发病率，对立枯丝核菌、拟茎点毒属、甘蓝格链孢属、葡萄孢属、毛盘孢属及交链孢属的病原菌也有一定的抑制作用。

(3)淡紫拟青霉菌及厚壁孢子轮枝菌与防治。淡紫拟青霉菌及厚壁孢子轮枝菌主要是在控制作物病原线虫方面有着很好的功效。刘杏忠等用淡紫拟青霉菌的培养料施入土壤对大豆孢囊线虫进行防治，其防效可持续23年，形成大量的空孢囊。

(4)菌根真菌与防治。菌根真菌会促进作物对氮、磷等营养元素的吸收，尤其在逆境条件下能够显著增强作物的抗病能力。对菌根真菌的接种显示，接种株叶片光合速率显著提高，植株干物质量有所增加，土中微生物的数量也有所增加。

三、杂草的生物防治技术

杂草生物防治技术就是利用寄主范围较为专一的植食性动物或病原微生物(直接取食、形成虫瘿、穴居植物组织或造成植物病害)，将影响人类活动的杂草控制在经济上、生态上或环境美化上可以允许的水平以下。

1. 以虫治草技术

以虫治草技术是利用某些昆虫能相对专一地取食某种(类)杂草的特性来防治杂草的方法。治草的昆虫应具备以下特性：具有直接或间接地杀死或阻止其寄主植物繁殖扩散的能力；高度的传播扩散和善于发现寄主的能力；对目标杂草及其大部分自然分布区的环境条件有良好的适应性；高繁殖力；避免或降低被寄生和被捕食的防御能力。以虫防草获得成功的事例较多，其中最为著名的要数美国、加拿大和澳大利亚引入原产于西欧的双金叶甲(Chrysoli-na qnadrigemina)防治对牲畜有毒的金丝桃的案例。引入两年后，就使杂草的数量减少了99%。

几种杂草的昆虫防治：仙人掌——仙人掌穿孔螟；空心莲子草——空心莲子草叶甲，一种蓟马和一种斑螟蛾；菊科：紫茎泽兰——泽兰实蝇，豚草——豚草叶甲，黄花蒿——尖翅筒喙象；莎草科杂草：香附子和扁秆荐草——尖翅小卷蛾；其他杂草：鸭跖草——盾负虫，槐叶萍——槐叶萍象甲。

至今为止，杂草生物防治获得成功的几乎全部为多年生杂草，而一年生杂草采用生物防治成功的案例极少。

2. 以鱼、禽等治草技术

这项技术中最著名当属稻鸭共育技术。稻鸭共育技术起源于日本，是在我国稻田养鸭的基础上发展起来的。此技术是将雏鸭放入稻田，让鸭子吃掉稻田内的杂草，利用雏鸭不间断的活动刺激水稻生长，产生中耕的效果，并以雏鸭的粪便作肥料。实践结果表明此技术具有除虫、除草、施肥、中耕浑水、省工增效等优点，目前已在韩国、越南、菲律宾等亚洲国家得到应用和推广。此外，还有水田中利用草鱼抑制稻田牛毛毡、三棱草和稗草等多种杂草的报道。

3. 以菌治草技术

应用微生物来防治杂草也被称之为以菌治草。其主要机理涉及对杂草的侵染能力、侵染速度和对杂草的损伤性等。微生物防治杂草的方式主要有两种，即经典式和淹没式。

(1)经典式以菌治草技术。经典式以菌治草主要针对外来恶性杂草，从杂草原产地引入的菌物是与杂草协同进化的高度转化的植物病原物，该方式的应用已取得了巨大的成功，如利用黑粉菌防治藿香蓟、锈菌防治金合欢、桉叶藤不眠单孢锈菌防治桉叶藤、锈菌防治灯芯草、粉苞苣、镰刀菌属真菌防治列当等。

(2)淹没式以菌治草。一般使用本地产的多主寄生的死体营养植物病原菌或专性寄生菌采用淹没式施放策略去除本地杂草(有时也用于外来杂草防治)。近年来，该领域在杂草生物防治中较为活跃，其优点是安全可靠，可以控制释放天敌的时间和地区，易于大面积应用(但成本相对较高)。例如，1981 年美国注册了 DeVine R 和 Collego TM 两种菌物农药，前者是佛罗里达州棕榈疫毒致病菌株的厚垣孢子悬浮剂，用于防治橘园杂草莫伦藤；后者是合萌盘长孢状刺盘孢的干孢子可湿性粉剂，用于防治稻田和豆田中的弗吉尼亚合萌草。

在杂草生物防治作用物的搜集和有效天敌的筛选过程中，必须坚持“安全、有效、高治病力”的准则。在实行生物治草的过程中，无论是本地发现的天敌还是异地发现的天敌都必须严格按照有关程序引进和投放，特别需要做的是寄主专一性和安全性的检测，通过这种测验来明确天敌除了能作用于目标杂草外，对其他生物是否存在潜在的危害性。此外，需要强调的是，即便是同一种昆虫，在不同环境条件下，食性也可能会发生变化，必须加以留意和观测。

第六节　农业生产措施节药技术

实践证明，一些农业措施，如对种子进行包衣、添加农药增效剂、选育抗病虫害品种、嫁接技术、调整种植制度等都可以减少农药施用量，减少病虫危害，提高防治效率，又可减少因化学药剂的滥用而造成的环境污染和人畜中毒等危害，对于我国农业的可持续发展和农产品安全等具有极其重要的作用。

一、嫁接技术的应用

对不能实行轮作的保护地病害，利用抗病砧木进行嫁接栽培可有效防止和减轻病虫害，如黄瓜与黑籽南瓜嫁接，栽培茄子与托鲁巴姆、刺茄等嫁接。下面以茄子为例具体说明嫁接在节药上的应用。

1. 嫁接用砧木

好的砧木品种是提高嫁接质量与效果的重要基础，具体的选择标准包括：嫁接亲和力好，共生亲和力强，根系发达，抗逆性强和丰产等。茄子嫁接所用的砧木主要有平茄、刺茄和托鲁巴姆。

2. 嫁接育苗

(1)砧木接穗培育。一是播种期先播砧木后播接穗。秋冬茬栽培砧木一般在7月中旬播种，冬春茬砧木在9月上中旬播种，大棚早熟栽培普遍在1月左右砧木播种。二是消毒防止带菌传病。接穗种子在浸种催芽时，应当采用55℃的温水浸种，也可用50%多菌灵500倍液浸种2小时。接穗育苗床土要选择没有栽培过茄科作物的大田土，或者采用无土育苗。

(2)嫁接方法。一是劈接法。嫁接应当在砧木长到6～7片真叶，接穗长到5～6片真叶的时候进行。选择茎粗细相近的砧木和接穗进行配对，在砧木2片真叶的上部，用刀片横切去掉上部，然后在茎横切面中间纵切深1.0厘米左右的切口。取接穗苗保留2～3片真叶，横切去掉下端，再小心削成楔形，斜面长度应与砧木切口相当。然后，将接穗插入砧木切口中并对齐，用固定夹子夹牢，放到苗床地上。二是贴接法。在砧木长到6～7片真叶，接穗到5～6片真叶的时候，选择茎粗细相近的砧木和接穗进行配对，先将砧木保留2片真叶，去掉下部，再削成30°斜面，斜面长度为1～1.5厘米。取来接穗，保留2～3片真叶，横切去掉下端，也削成30°斜面，二者对齐、靠紧后，用固定夹子夹牢即可。

(3)嫁接苗的管理。一是保温。保温嫁接之后，伤口愈合适宜温度在25℃左右。所以苗床温室在3～5天白天应控制在24～26℃，最好不要超过28℃；夜间应保持在20～22℃，勿低于16℃；可以在温室内建小拱棚以保温，在高温季节应采取降温措施，例如：搭棚和通风等。等到3～5天以后，再开始放风，慢慢降低温度。二是保湿。保湿是嫁接成败的关键，要求在3～5天，小拱棚内的相对湿度控制在90%～95%。4～5天后，通风降温、降湿，但也要保持相对湿度在85%～90%。三是遮光。遮光可以选择用纸被或草帘等覆在小拱棚上，阴天不用遮蔽。嫁接后的3～4天内，要全部遮光，从第四天开始早晚给光，中午遮光，之后逐渐撤走覆盖物。当温度变低时，可适当提早见光，并提高温度，以加快伤口的愈合，温度高的中午需要遮光。大概10～15天后，待接口愈合，便可撤掉固定夹，恢复日常管理。嫁接苗砧木通常会生出侧芽，应在晴天的上午及时抹除，避免土表病菌侵染。

(4)时间控制。嫁接苗在3月下旬进行定植，秋季温室嫁接苗在9月中旬定植，冬春温室嫁接苗在12月中旬定植。

3. 嫁接效果

嫁接可以明显减少农药的使用量，茄子土传病害的病菌在土壤中存活时间一般可达3～7年，仅凭农药很难控制。因此，茄子一般不宜重茬栽种，必须与非茄科作物进行4～5年轮作倒茬。而茄子嫁接栽培技术，不仅从根本上避免了上述不利的发生，降低了农药的使用量及其残留量，且收益也得以大幅提高，每亩产量可达7～10吨，是不嫁接的2～3倍。

二、种子包衣技术

种子包衣技术是采取机械或手工方法，按一定比例将含有杀虫剂、杀菌剂、复合肥料、微量元素、植物生长调节剂、缓释剂和成膜剂等多种成分的种衣剂均匀包覆在种子表面，形成一层光滑、牢固的药膜的技术。用种衣剂包裹过的种子播种后，能迅速吸水膨胀，随着种子胚胎的逐渐发育及幼苗的不断生长，种衣剂将含有的各种有效成分缓慢地释放并被种子幼苗逐步吸收到体内，逐步达到防治苗期病虫害、促进生长发育和提高作物产量等目的。

1. 种衣剂成分

种衣剂的化学成分分为活性组分和非活性组分两大类。活性组分是指起药效作用的部分，主要是杀虫剂、杀菌剂、生长调节剂、营养物质及微生物等。非活性组分即为配套助剂，其功能是与活性组分加工后改善种衣剂的理化性质，提高药效，便于使用。它除了有常用的填充料、湿润剂、氧化剂等农药助剂外，依据具体的使用目的和方法，还包括成膜剂、悬浮剂、胶体保护剂、黏度稳定剂、安全警戒色料等一系列功能性助剂。

2. 种子包衣技术的优点

种子包衣技术的主要优点如下：一是有利于提高种子质量，保护幼苗。种子包衣以后可以提高种子发芽能力和防病保苗效果，利于实行精量播种。二是防病虫害效果好，生态效益显著。使用包衣种子可以控制某些种子带菌的传播和扩散，改开放式施药为隐蔽式施药，减少药剂用量，能保护天敌，维护生态平衡，保护环境。三是促进植物生长，提高作物产量。种子包衣剂中的微肥和植物生长剂，能刺激种子生根发芽，有明显促进前期生长的早熟作用，可提高农作物的产量和品质。此外，包衣方法还具备简便易行、省工省时的经济节约等优点，深受广大农民群众的欢迎。

三、种植制度与农业节药

在农业生产上，根据作物之间相生相克的原理进行巧妙搭配、合理种植，可以有效减轻一方或双方病虫害发生的可能，不仅大大减少了化学农药的使用，降低了农产品的生产成本，促进了农产品增产增收，对生态环境也具有重要的保护作用。下面以间作和轮作为例，举例说明其在农业生产中的成功应用。

1. 间作

如棉花或油菜间种大蒜可驱避害虫减少虫卵(大蒜挥发出来的杀菌素——大蒜素具有驱赶蚜虫的功效，能使棉花上二代棉铃虫的发生明显减少)；大豆或花生间种蓖麻可杀死害虫降低虫害。在大豆或花生地里、地边均匀地点种蓖麻，可使到豆田或花生田产卵的金龟甲取食蓖麻叶后中毒死亡，其防治效果甚至好于施用化学农药；玉米间种南瓜或花生可有效减轻玉米螟害。南瓜花蜜能引诱玉米螟的寄生性天敌——黑卵蜂，通过黑卵蜂的寄生作用，可有效地减轻玉米螟的危害。另外，玉米间作花生可使玉米螟的危害减轻。

2. 轮作

在轮作中，利用前茬作物根系分泌的灭(抑)菌素，可以抑制后茬作物上病害的发生，如甜菜、胡萝卜、洋葱、大蒜等作物根系分泌物可抑制马铃薯晚疫病发生，小麦根系的分泌物可以抑制茅草的生长。合理地轮作换茬，可以因食物条件恶化和寄主的减少而使那些寄生性强、寄主植物种类单一，以及迁移能力弱小的病虫大量死亡，腐生性不强的病原物如马铃薯晚疫病菌等由于没有寄主植物而不能继续繁殖。此外，轮作不定期可以促进土壤中对病原物有颉颃作用的微生物的活动，从而抑制病原物的滋生。

四、农药增效技术

农药的剂型和制剂的质量是决定农药产品价值和效果的关键因素，同时对生产和用户的安全，以及生态环境等都有着十分重要的影响。采用不同种类的增效助剂，或者将一种原药加工成不同剂型的产品，其产生的效果会大不相同。目前主要有两种对策方法：一是复配。即两种或两种以上的农药混合制成制剂，提高农药的毒力，缓解害虫的抗药性，但这一方法的缺陷是害虫产生复合抗药性，同时致使环境中污染物质种类增多。二是添加增效剂。添加增效剂可以大幅降低农药的有效成分用量，更为充分地发挥药效，减缓害虫产生抗药性的概率。有些农药助剂不定期可促进作物生长发育，增强其抵抗力。

1. 农药复配技术

农药单剂在使用时往往受防治效果、使用范围和药害等因素限制，并会随着病虫害抗药性的增强，防治效果逐渐下降。因此，在不断研发新药的同时，复配往往是克服原有单剂农药缺陷的主要办法。

(1)农药复配剂的类型。农药混合剂按其作用对象的不同，可分为以下几种。

①杀虫剂混合。为了克服单一杀虫剂的不足，可将不同类型和作用方式的杀虫剂进行复配。目前，主要是有机磷类与拟除虫菊酯类、有机磷类与氨基甲酸酯类、有机氮类与氨基甲酸酯酯类，以及有机氮类与拟除虫菊酯类等复配方式。

②杀虫杀菌剂混合剂。此类型主要用于拌种或土壤处理，发挥杀虫和杀菌兼治作用。如10%甲柳酮乳油、35%马酮乳油和40%氧乐酮乳油等杀虫杀菌混剂等。

③杀菌剂混合剂。为延缓植物病原菌对内吸性杀菌剂的抗性，常将内吸性杀菌剂与保护性杀菌剂复配使用。内吸性杀菌剂能为植物所吸收，起到杀菌效果，保护性杀菌剂残留在植物体表，防止病菌入侵感染。如15%双·多悬浮剂和40%三唑酮多可湿性粉剂。

④除草剂混合剂。将持效期长短不同的除草剂进行搭配；将内吸传导型除草剂与触杀性除草剂搭配；根据杀草谱互补原理，杀单子叶杂草的除草剂与杀双子叶杂草的除草剂混用。如5.3%丁西颗粒剂和48%乙莠可湿性粉剂等。

⑤杀螨剂混合剂。由于单一杀螨剂往往对螨的发育状况有较强的选择性，有效控制期差异较大，为了对各发育阶段都能有较好的防治效果，可适当调节有效控制期，将两种杀螨特点不同的药剂加工成杀螨剂混合剂(如5%阿维达乳油和22%炔螨特乳油)。

⑥植物生长调节剂混合剂。通过促进或抑制植物生长，起到调节植物的局部或全株生长，提高产品品质和产量的作用。如2%复硝酚钾水剂和1.85%硝萘酸水剂等。

⑦多功能混合剂。由杀虫剂、杀菌剂、肥料和微量元素等加工而成的混合制剂，达到病虫兼治和促进幼苗生长的目的。

(2)农药复配原则。农药复配要遵循以下原则。

①混合剂的化学稳定性好。有机磷类和拟除虫菊酯类杀虫剂在酸性介质中较为稳定，在碱性介质和水中易降解。因此，这些农药

不能和碱性农药配合，也不适合与强极性有机溶剂溶解的农药混合。

②混合剂中两种单剂的防治对象应基本相同。混合剂中只有两种单剂的防治对象基本相同时才能体现混用的优势，不然就会造成资源浪费。此外，混用药剂最好互为补充，如提高药剂的速效性、降低毒性和提高对作物的安全性等。

③混合剂的两种单剂之间对病虫草的毒力应有增效或相加作用。但对哺乳动物的毒性不应高于单剂。如5%阿维达乳油，毒性为低毒，制剂中阿维菌素为高毒，混剂的毒性降低主要是因为阿维菌素含量降低所致。然而，有的混合剂会出现毒性增加的现象，如马拉硫磷和敌敌畏等。

④混合剂对作物的安全性不应小于单剂。有些农药单独使用对作物安全，混合使用却容易产生药害，因此在配制时必须考虑对作物的安全性。如氟铃脲防治十字花科蔬菜害虫，因该药剂不仅对小菜蛾和甜菜夜蛾致毒作用较为缓慢，还对十字花科蔬菜幼苗产生药害。开发成5.7%氟铃高氯乳油和2.2%氟铃甲维盐乳油，其新制剂的杀虫速效性大大提高，对作物的安全性也大大提高。

⑤混合剂在农产品中残留不应大于单剂。残留时间较长或较短的药剂复配，因减少了其用量，混合剂的残留量大大低于残留时间较长的单剂。如阿维菌素＋氟虫双酰胺混合剂防治水稻二化螟效果很好，且混合剂的残留量较单用氟虫双酰胺大大降低。

⑥抗性原则。选择利用无交互抗性(即害虫对某一农药产生了抗生，但另一种农药对其药效作用好)的农药品种进行复配。如菊酯类与有机磷类、有机氮类农药没有交互抗性，可以混用。

⑦混合剂中各单剂的含量必须都达到有效剂量。加工后的混合剂用于田间药效试验时，菊酯类药剂含量较低的配方药效都较低，其原因是田间药剂量易受挥发和光解等环境因素影响。在应用中，只有当两者都是有效剂量时才能发挥联合作用。

⑧混合剂中各单剂的特效期应尽可能相近。药剂的特效期长短

是由其半衰期决定的，选择混合剂的单剂时应尽量使两者的半衰期一致。如果两者长短差异较大，就会导致一个单剂控制害虫的作用提前丧失，另一个单剂因剂量过低也无法有效控制其危害。

2. 农药增效剂

农药增效剂是指本身无生物活性，但与某种农药混用时，能大幅度提高农药的毒力和药效的一类助剂的总称。一个良好的农药增效剂一般应该具有如下特性：农药增效剂不分解原药；农药增效剂农药残留检测合格；农药增效剂对环境无明显影响。

(1)农药增效剂分类。目前已获得成功应用的农药增效剂主要包括以下几种。

①邻亚甲基二氧苯基团的化合物，简称 MDP 化合物。该类化合物不仅对除虫菊酯类，而且对其他杀虫剂也或多或少具有增效作用。

目前，主要用于拟除虫菊酯、氨基甲酸酯、有机磷酸酯和昆虫生长调节剂等杀虫剂增效使用。

②有机硅聚氧乙烯醚化合物。该类化合物具有低表面张力，良好的展着性、渗透性及乳化分散性，是一种新型高效的农药助剂。易溶于甲醇、异丙醇、丙酮等有机溶剂，可分散于水中，能作为喷雾改良剂、叶面吸收助剂和活化剂等。目前，已广泛应用于杀虫剂、杀菌剂、除草剂、叶面肥、植物生长调节剂、微量元素和生物农药等农用化学品的喷雾混合液中，特别适合内吸型药剂。

③其他增效剂。在防治农作物病虫草害时，还有一些其他的化合物如植物油或矿物油、白糖、洗衣粉、食盐等同农药混合使用，可显著提高药效，增强防治效果。例如，波尔多液加白糖可防止沉淀，石硫合剂加洗衣粉和食盐可提高药效等。

(2)应用前景。在人类面临人口激增、土地日益减少、粮食需求加剧、生态环境恶化的情况下，需要开发出更多高效且安全的新农药。而新农药一般开发周期长、投资大、风险高。农药增效剂助剂的迅速发展则有助于解决这一突出问题。一方面，它可以减轻目前我国用量较大的保湿性粉剂、乳油等老剂型对环境的污染，这对于药效提高、毒性下降、减少环境污染具有显著的经济效益和社会效益。另一方面，通过改进原药的物理性质，不仅可以延长农药的使用寿命、提高药效、降低用量，可以达到减少环境污染、保护使用者安全，以及最大限度发挥农药药效的目的。

第七节　化学农药替代技术

化学农药替代物主要有5个方向：一是通过生物育种，选育抗虫抗病的品种；二是减少病虫传导力度，采用不同的耕作方法；三是以生物为原料制生物农药，替代化学产品；四是寻求农业生产方式，如通过循环农业的方式解决病虫危害问题；五是采用无危害的物理措施解决虫源等问题。

一、生物农药

生物农药是指用于防治农林牧业病虫草害或调节植物生长的微生物及植物来源的农药。使用生物农药，一可杀灭多种病虫害；二可生产无公害绿色食品；三可减少对环境污染，确保人畜安全；四可保护天敌；五是病虫不易产生抗药性；六可确保我国有更多的农产品冲破“绿色壁垒”，跨出国门。生物农药的推广应用将改变目前使用化学农药带来的高毒、高残留的弊端，生物农药逐步替代化学农药是一种必然趋势。

1. 生物农药优劣比较

目前，在我国已获准登记的700多种农药单剂品种(有效成分)中，化学农药约占80%，生物农药约占20%。

2. 生物农药的类型

生物农药按防治对象分类可分为生物杀菌剂、生物杀线虫剂、生物杀虫剂、生物杀螨剂、生物杀软体动物剂、生物除草剂、生物杀鼠剂、生物植物生长调节剂8类；按产品来源分类，可以分为微生物农药、植物源生物农药和动物源生物农药3类；按利用形式分类可分为活体型生物农药、抗体型生物农药、载体型生物农药3类。

(1)植物源生物农药。植物源生物农药又称为植物性生物农药，是利用植物资源开发的农药。可分为植物源/活体型生物农药(主要是驱避植物，如蒲公英、鱼腥草、薄荷、大葱、韭菜、一串红、除虫菊、番茄、花椒、芝麻、金盏花等)、植物源/抗体型生物农药、植物源/载体型生物农药(主要是抗除草剂、抗病虫的转基因作物)。这里主要说明植物源/抗体型生物农药。

①植物源生物农药的活性成分。主要有以下几种。

一是生物碱类。此类物质对昆虫的毒力最强，也是目前研究较多、应用较为广泛的一类植物源杀虫物质。目前，已证明有杀死害虫作用的主要有烟碱、喜树碱、百部碱、藜芦碱、苦参碱、雷化藤碱、小檗碱、木防己碱和苦豆碱等。

二是萜类。这类化合物包括蒎烯、单萜类、倍半萜、二萜类、三萜类等物质，有拒食、麻醉、抑制生长发育，以及破坏害虫信息传递和交配的作用，兼具触杀和胃毒作用。主要品种有印楝素、川楝素、茶皂素、苦皮藤素和闹羊花素等。

三是黄酮类。黄酮类化合物多以苷或苷元、双糖苷或三糖苷状态存在，其作用以拒食和毒杀为主。目前，发现具有防治作用的主要有鱼藤酮和毛鱼藤酮等。

四是精油类。这是一类分子量较小的植物次生代谢物质，不仅具有毒杀、熏杀、拒食、抑制生长发育等作用，还具有昆虫性外激素的引诱作用，多用于防治仓库害虫，如菊蒿油、薄荷油、百里香油、肉桂精油、松节油和芸精油等。

五是其他。羧酸酯类如除虫菊酯，木脂素类如乙醚酰透骨草素，甾体类如牛膝甾酮，糖苷类如番茄苷等。

②产品类型。由于植物源农药具有高效、低毒和广谱的特点，其在市场销售上的竞争力较强。目前已有植物源生物农药杀菌剂、杀虫剂、杀螨剂、杀软体动物剂、杀鼠剂、植物生长调节剂 6 大类产品面市，已获准登记的产品有 46 种(表 6-2)。

表 6-2　植物源/抗体型生物农药类型与品种

类型	品种
杀菌剂	大黄素甲醚、大蒜素、黄芩苷、香芹酚、小檗碱等
杀虫剂	桉油精、百部碱、茶皂素、除虫菊素、茴蒿素、苦参碱、苦皮藤素、楝素、印楝素等
杀螨剂	苦参碱
杀软体动物剂	螺威
杀鼠剂	莪术醇、雷公藤甲素、雷公藤内酯
植物生长调节剂	羟烯腺嘌呤、烯腺嘌呤、油菜素甾醇内酯

(2)微生物源生物农药可分为微生物源/活体型生物农药、微生物源/抗体型生物农药、微生物源/载体型生物农药(主要是转 Bt 基因作物)。

①微生物源/活体型生物农药。微生物源/活体型生物农药指自然界存在的或被遗传修饰的，用于防治有害生物和调节植物生长的真菌、放线菌、细菌、病毒、线虫、原生动物等微生物活体的制品。目前已有微生物源/活体型生物农药杀菌剂、杀虫剂、杀线虫剂、除草剂、杀鼠剂、植物生长调节剂 6 大类产品面市，已获准登记的产品有 43 种。

②微生物源/抗体型生物农药。微生物源/抗体型生物农药是指经过微生物发酵，用于防治有害生物和调节植物生长的放线菌和细菌等微生物代谢产物的制品。目前已有微生物源/抗体型生物农药杀

菌剂、杀虫剂、杀线虫剂、杀螨剂、除草剂、杀鼠剂、植物生长调节剂7大类产品面市，已获准登记的产品有34种。

这类微生物农药也称农用抗生素。抗生素等抗菌剂的抑菌或杀菌作用，主要是针对“细菌有而人(或其他高等动植物)没有”的作用机制特点发挥药效，其作用机制可分为四大类：一是阻碍细菌细胞壁的合成，导致细菌在低渗透压环境下膨胀破裂死亡。以这种方式作用的抗生素主要是β－内酰胺类抗生素，哺乳动物的细胞没有细胞壁，不受这类药物的影响。二是与细菌细胞膜相互作用，增强细菌细胞膜的通透性，打开膜上的离子通道，导致细菌电解质平衡失调。以这种方式作用的抗生素有多黏菌素和短杆菌肽等。三是与细菌核糖体或其反应底物(如tRNA和mRNA)相互所用，抑制蛋白质的合成，使细胞存活所必需的结构蛋白和酶不能正常合成。以这种方式作用的抗生素包括四环素类抗生素、大环内酯类抗生素、氨基糖苷类抗生素和氯霉素等。四是阻碍细菌DNA的复制和转录，阻碍DNA复制，导致细菌细胞分裂繁殖受阻，阻碍DNA转录成mRNA从而导致后续的mRNA翻译合成蛋白的过程受阻。以这种方式作用的主要是人工合成的抗菌剂喹诺酮类(如氧氟沙星)。

③动物源生物农药。目前商品化的动物源生物农药品种不多。主要有动物源/活体型生物农药的平腹小蜂、松毛虫赤眼蜂等；动物源/抗体型生物农药的斑蝥素。

(3)特殊生物农药。我国将生物＋化学农药和生物化学农药纳入生物农药管理范畴。

①生物＋化学农药。这类农药既有生物农药的“血统”，也有化学农药的“妆容”，是半生物合成农药，主要有甲氨基阿维菌素苯甲酸盐、乙基多杀菌素等。

②生物化学农药。农业部2008年8月28日发布的农业行业标准NY/T1667.1～1667.2－2008《农药登记管理术语》对生物化学农药做出了界定。生物化学农药是对防治对象没有直接毒性，具有调

节生长、干扰交配或引诱或抗性诱导等特殊作用的天然或人工合成的农药。生物化学农药主要包括：信息素激素、天然植物生长调节剂、天然昆虫生长调节剂、蛋白质类农药、寡聚糖类农药。

据《2012年中国农药发展报告》记载，已获得登记的生物化学农药有21种、产品327个。其中杀菌剂有葡聚烯糖、氨基寡糖素、几丁聚糖、菇类蛋白多糖、低聚糖素；杀虫剂有避蚊胺、诱蝇羧酯、诱虫烯、驱蚊酯；植物生长调节剂有赤霉酸、赤霉酸 A_3、赤霉酸 A_4+A_7、吲哚乙酸、吲哚丁酸、苄氨基嘌呤、羟烯腺嘌呤、超敏蛋白、极细链格孢激活蛋白、三十烷醇、乙烯利。

3. 生物农药的科学施用

(1)各类生物农药施用。生物农药种类不同，施用方法也不同。

①微生物农药。微生物农药的使用要点：一是掌握温度。二是把握湿度。三是避免强光。四是避免雨水冲刷。另外，病毒类微生物农药专一性强，一般只对一种害虫起作用，使用前要先调查田间虫害发生情况，根据虫害发生情况合理安排防治时期，适时用药。

②植物源农药。使用植物源农药，应当注意：一是预防为主。植物源农药与化学农药对于农作物病虫害的防治表现，与人类服用中药与西药后的表现相似。发现病虫害及时用药，不要等病虫害大发生时才治。植物源农药药效一般比化学农药慢，用药后病虫害不会立即见效，施药时间应较化学农药提前2～3天，而且一般用后2～3天才能观察到其防效。二是与其他手段配合使用。病虫害危害严重时，应当首先使用化学农药尽快降低病虫害的数量、控制蔓延趋势，再配合使用植物源农药，实行综合治理。三是避免雨天施药。植物源农药不耐雨水冲刷，施药后遇雨应当补施。

③生物化学农药。生物化学农药是通过调节或干扰植物(或害虫)的行为，达到施药目的。性诱剂不能直接杀灭害虫，主要作用是诱杀(捕)和干扰害虫正常交配，以降低害虫种群密度，控制虫害过快繁殖。因此，不能完全依赖性引诱剂，一般应与其他化学防治方

法相结合。一要开包后应尽快使用；二要避免污染诱芯；三要合理安放诱捕器；四要按规定时间及时更换诱芯；五要防止危害益虫。植物生长调节剂，一要选准品种适时使用；二要掌握使用浓度；三要药液随用随配以免失效；四要均匀使用；五不能以药代肥。

④蛋白类、寡聚糖类农药。该类农药为植物诱抗剂，本身对病菌无杀灭作用，但能够诱导植物自身对外来有害生物侵害产生反应，提高免疫力，产生抗病性。使用时需注意几点：一是应在病害发生前或发生初期使用。病害已经较重时应选择治疗性杀菌剂对症防治。二是药液现用现配，不能长时间储存。三是无内吸性，注意喷雾均匀。

⑤天敌生物。目前应用较多的是赤眼蜂和平腹小蜂。提倡大面积连年放蜂，面积越大防效越好，放蜂年头越多，效果越好。使用时需注意几点：一是合理存放。拿到蜂卡后要在当日上午放出，不能久储。如果遇到极端天气，不能当天放蜂，蜂卡应分散存放于阴凉通风处，不能和化学农药混放。二是准确掌握放蜂时间。最好结合虫情预测预报，使放蜂时间与害虫产卵时间相吻合。三是与化学农药分时施用。放蜂前 5 天、放蜂后 20 天内不要使用化学农药。

⑥抗生素类农药。多数抗生素类杀菌剂不易稳定，不能长时间储存。药液要现用现配，不能储存。某些抗生素农药不能与碱性农药混用，农作物撒施石灰和草木灰前后，也不能喷施。

(2)生物农药注意事项。生物农药既不污染环境、不毒害人畜、不伤害天敌，更不会诱发抗药性的产生，是目前大力推广的高效、低毒、低残留的“无公害”农药。但是，使用生物农药必须注意温度、湿度、太阳光和雨水等气候因素。

①掌握温度，及时喷施，提高防治效果。生物农药的活性成分主要由蛋白质晶体和有生命的芽孢组成，对温度要求较高。因此，生物农药使用时，务必将温度控制在 20℃ 以上。一旦低于最佳温度喷施生物农药，芽孢在害虫机体内的繁殖速度十分缓慢，而且蛋白

质晶体也很难发挥其作用，往往难以达到最佳防治效果。试验证明，在20～30℃条件下，生物农药防治效果比在10～15℃高出1～2倍。为此，务必掌握最佳温度，确保喷施生物农药防治效果。

②把握湿度，选时喷施，保证防治质量。生物农药对湿度的要求极为敏感。农田环境湿度越大，药效越明显，特别是粉状生物农药更是如此。因此，在喷施细菌粉剂时务必牢牢抓住早晚露水未干的时候，在蔬菜、瓜果等食用农产品上使用时，务必使药剂能很好地黏附在茎叶上，使芽孢快速繁殖，害虫只要一食用叶子，立即产生药效，起到很好的防治效果。

③避免强光，增强芽孢活力，充分发挥药效。太阳光中的紫外线对芽孢有着致命的杀伤作用。科学实验证明，在太阳直接照射30分钟和60分钟，芽孢死亡率竟会达到50%和80%以上，而且紫外线的辐射对伴孢晶体还能产生变形降效作用。因此，避免强的太阳光，有助于增强芽孢活力，发挥芽孢治虫效果。

④避免暴雨冲刷，适时用药，确保杀灭害虫。芽孢最怕暴雨冲刷，暴雨会将在蔬菜、瓜果等作物上喷施的菌液冲刷掉，影响对害虫的杀伤力。如果喷施后遇到小雨，则有利于芽孢的发芽，害虫食后将加速其死亡，可提高防效。为此，要求各地农技人员指导农民使用生物农药时，要根据当地天气预报，适时用好生物农药，严禁在暴雨期间用药，确保其杀虫效果。

二、光活化毒素

人们发现一些植物的次生代谢产物在光照条件下对害虫的毒效可提高几倍、几十倍甚至上千倍，表现出明显的光活化特性和显著的杀虫效果，这类植物次生代谢物被称之为光活化毒素或光敏毒素。目前，植物源光活化毒素已分离鉴定出十大类，分别来自约30个科的高等植物。其中，噻吩类、呋喃色酮和呋喃喹啉生物碱仅分布在某一科中，多炔类化合物分布在多种植物中，但仅在菊科植物中这类化合物具有显著的光活化杀虫作用。

1. 光活化毒素的种类

(1)呋喃香豆素类。呋喃香豆素为伞形科和芸香科特征性次生代谢产物，此外还发现至少有8个科的植物能代谢合成呋喃香豆素化合物。目前，该类已鉴定出结构的代谢物超过200个，如花椒毒素、异茴芹素和当归根素等。由呋喃香豆素衍生的呋喃并色酮类化合物凯林和齿阿米素是重要的植物源光活化毒素。以呋喃香豆素类化合物处理昆虫，昆虫会表现出抑制生长发育和拒食等活性。例如，当亚热带黏虫取食含有花椒毒素的饲料时，经紫外光照射后表现出生长发育受到抑制，不能完成生活史等生理特征。

(2)多炔类与噻吩类。多炔类化合物广泛分布于高等植物的菊科、伞形科和五加科等19个科中。所有菊科植物都能合成多炔类化合物，多炔类和噻吩类是菊科植物的特征性天然产物。噻吩类化合物主要分布在菊科植物的万寿菊属、蓝刺头属、鳢肠属及其他一些属的个别种中。从菊科植物中分离出的α-三联噻吩和7-苯基-2，4，6-庚二炔是两种非常重要的植物源光活化杀虫毒素。

(3)生物碱类。现已在约26种植物中发现具有光敏毒性的生物碱，主要类型有呋喃喹啉生物碱和哈尔满生物碱。呋喃喹啉生物碱，如菌芋碱主要分布在芸香料植物中，咔啉和哈尔满对伊蚊幼虫和鼠卵巢细胞有光活化致毒作用。

(4)稠环醌类。具有光活化致毒作用的醌类化合物主要有金丝桃素、尾孢菌素和竹红菌素等。金丝桃素主要存在于金丝桃属植物中，其除了对伊蚊具有光活化毒杀作用外，对植食性昆虫也表现出光活化致毒作用。尾孢菌素首先是从大豆病原菌中分离得到的，现在可以大量从尾孢菌和受尾孢菌感染的植物中进行分离。竹红菌素是从肉座菌科竹红菌中分离出来的一种光敏剂，分为竹红菌甲素和竹红菌乙素，该类化合物主要以产生单线态氧而引必毒性效应，主要用于光动力皮肤病治疗。

(5)其他光活化毒素化合物。苯并呋喃和苯并吡喃是乙酰苯衍生物的化合物，是有效的昆虫拒食剂和抗保幼激素。Aregullin 发现这类天然衍生物也具有对真菌的光活化抑制作用。目前，已从高等植物中分离出近 2 000 种苯并呋喃和苯并吡喃化合物，主要分布在菊科植物的向日葵族中。去甲二氢愈创木酸是第一个被发现的木酚类光活化毒素，存在于一种主要分布于北美沙漠地带的常青灌木植物中。

2. 光活化毒素的应用

光活化毒素的应用主要集中于蚊虫和蝇类等卫生害虫的防治，用于农业害虫的防治还不多见。噻吩类光敏化合物在防治蚊子幼虫方面获得了成功，多炔类化合物作为有害生物控制剂在加拿大已取得了专利保护，有些已进行商品化生产，如赤藓红 B 已被 Hiltomm-Davis 化学公司注册。合成光敏毒剂，如荧光素、曙光和藻红等用作光活化农药防治蚊、蝇已有较广泛的应用。将藻红直接施到粪便上，每周 1 次，共 5 周，家蝇的成虫和幼虫的死亡率达 90%，成蝇生殖力降低，卵大多不孵化。

万寿菊根和花的提取物能够很好地防治白纹伊蚊和致倦库蚊幼虫。用 10.5 毫克/升的万寿菊根甲醇索氏提取物处理致倦库蚊幼虫，6 小时后的死亡率分别为 8.0%和 58%。用 0.25 毫克/升的三联噻吩处理致倦库蚊，药后 4 小时的死亡率可达 100%。

茵陈二炔具有较强的光活化杀虫活性，用该化合物点滴处理斜纹夜蛾幼虫，光照下幼虫发育停滞，5 天后逐渐死亡。万树青等以茵陈二炔为母体合成了 12 个多炔类化合物，并对这些化合物的生物活性进行了广泛的测定。以菜粉蝶、亚洲玉米螟、甘蓝蚜和米象等为供试虫体，筛选出的化合物 1-苯基-4-(3，4-亚甲基二氧)苯基丁二炔具有较高的光活化毒性。

总之，植物源光活化毒素种类繁多，分布广泛，可以杀虫、抑菌、除草、防病毒感染，是植物在自然界长期进化过程中自身防御的一种体现。由于其来源于植物次生代谢物，高效低毒、无残留，而且作用机理独特，开发这一类杀虫剂不仅可以有效地控制农业害虫的危害，而且能降低大量化学农药施用所带来的环境压力。

三、生长调节剂

1. 植物生长调节剂

植物生长调节剂是一类与植物激素具有相似生理和生物学效应的物质，能够对植物的生长发育起到调节作用，包括人工合成的化合物和从生物中提取的天然植物激素。

(1)植物生长调节剂分类。植物生长调节剂种类很多，根据来源可分为天然的和人工合成的。

(2)植物生长调节剂特点。一是作用面广，应用领域多。植物生长调节剂几乎可适用于全部种植业生产中的高、低等植物，如大田作物、蔬菜、果树、花卉和林木等，并通过调控植物的多种生理过程而控制植物的生长和发育，增强作物的抗逆性能，减少农药施用，改进农产品品质。二是高效低毒，用量小、速度快、效益高、残毒少。三是双调控。可对植物的外部性状与内部生理过程进行双调控。四是植物生长调节剂的使用效果受多种因素的影响，一般很难达到最佳状态。气候条件、施药时间、用药量、施药方法、施药部位，以及作物本身的吸收、运转、整合和代谢等都会影响其作用效果。

(3)常见的植物生长调节剂科学施用。

①植物生长促进剂。植物生长促进剂是指能够促进细胞分裂、分化和伸长，促进植物生长的人工合成的化合物。主要有生长素类、细胞分裂素类、赤霉素类等。

②植物生长延缓剂。植物生长延缓剂可抑制茎部近顶端分生组织的细胞延长，使节间缩短，节数、叶数不变，株型紧凑矮小，生殖器官不受影响或影响不大。常用的有比久(B9)、缩节胺(Pix)、矮壮素(CCC)、多效唑(PP333)、烯效唑、壮丰安等。

③植物生长抑制剂。植物生长抑制剂可抑制顶端分生组织，使

茎丧失顶端优势，外施赤霉素(GA)不能逆转。常用的有青鲜素(MH)、三碘苯甲酸(TIBA)、整形素等。青鲜素(简称 MH)大量应用于：抑制草坪、树篱和树的生长；用于防止马铃薯、洋葱、大蒜、萝卜贮藏时发芽；用于棉花、玉米杀雄；抑制烟叶侧芽。使用方式为喷洒。三碘苯甲酸(简称 TIBA)用于大豆、番茄促进花芽形成，增加分枝，防止落花落果；用于小麦、水稻防倒伏；用于苹果、桑树幼树整形整枝。使用方式为喷洒。整形素生产上多用于：促进水稻分蘖，阻止椰子落果；增加黄瓜坐果率，延缓莴苣抽薹；用于花椰菜、萝卜、菠菜等提早成熟；用于木本植物，塑造木本盆景。

④乙烯释放剂。乙烯释放剂是一类促进成熟的植物生长剂。主要有乙烯利、玉米健壮素、脱叶磷等。乙烯利(简称 CEPA)主要用于棉花、番茄、西瓜、柑橘、香蕉、咖啡、桃、柿子等果实促熟，培育后季稻矮壮秧，增加橡胶乳汁产量和小麦、大豆等作物产量，多用喷雾法常量施药。玉米健壮素主要用于玉米，一般在玉米雌穗小花分化末期，进行叶面喷洒。脱叶磷主要用于棉花、苹果等作物叶片脱落，以利机械收获。使用方式为喷洒。

2. 昆虫生长调节剂

昆虫生长调节剂是一种以昆虫特有的生长发育系统为攻击目标的新型特异性杀虫剂，被誉为第四代杀虫剂，应用前景广阔(已纳入害虫生物防治理论和技术体系中)。

(1)昆虫生长调节剂的作用特点。昆虫生长调节剂是通过抑制昆虫生理发育，如抑制蜕皮、抑制新表皮形成、抑制取食等致使昆虫死亡的一类药剂，其作用机理不同于以往作用于神经系统的传统杀虫剂，具有毒性低、污染少和持效期长等特点，对天敌和有益生物无显著影响，有助于可持续农业的发展。

(2)昆虫生长调节剂的种类。主要有几丁质合成抑制剂、保幼激素类似物、蜕皮激素类似物等。

①几丁质合成抑制剂。几丁质合成抑制剂简称“几丁质抑制剂”，

能够抑制昆虫几丁质合成酶的活性，阻碍几丁质合成，即阻碍新表皮的形成，使昆虫的蜕皮、化蛹受阻，活动减缓，取食减少，直至死亡。目前，形成或处于开发状态的商品制剂约40种以上，按其化学结构可分为苯甲酰基脲类、噻二嗪类和三嗪(嘧啶)胺类等。

②保幼激素类似物。保幼激素类似物是指以昆虫体内保幼激素为先导化合物开发的具有保幼激素活性的化合物，其作用原理是选择昆虫在正常情况下分泌或极少分泌保幼激素的发育阶段施用，影响昆虫的生殖，导致滞育，甚至造成昆虫的死亡。主要产品有双氧威、吡丙醚和哒幼酮等。

③蜕皮激素类似物。蜕皮激素类似物的作用原理是降低幼虫淋巴中蜕皮激素的浓度，使蜕皮过程无法完成，新表皮不能骨质化和暗化，且害虫被处理后肠自行挤出，血淋巴和蜕皮液流失，导致虫体失水、皱缩，直至死亡。目前，由昆虫体内分离并完成结构鉴定的蜕皮激素物质已达20余种，属植物源的蜕皮激素活性物质有100多种。开发出两种商品制剂，分别是抑食肼和虫酰肼，两者均为双酰肼类化合物。

(3)昆虫生长调节剂在害虫生物防治中的应用。昆虫生长调节剂作为第四代农药，具有低毒和高效的特点，再加上这些化合物与昆虫体内的激素作用相同或结构类似，所以很难产生抗性，能杀死对传统杀虫剂具有抗性的害虫。因而，昆虫生长调节剂在害虫生物防治中应用颇为广泛。

①防治入侵害虫。张庆等分析了保幼激素类似物对红火蚁的作用表现和防治效果，结果发现其可以造成蚁后卵巢萎缩，产卵量减少，导致发育畸形和蚁群等级比例失调，并最终导致整个蚁群消亡。保幼激素类似物杀虫剂活性高、低残毒、对环境污染小，在田间防治红火蚁效果彻底，并可有效防止防治区红火蚁种群的再次入侵。

②防治农业害虫。随着杀虫剂的大量使用，很多农业害虫对杀虫剂产生了很高的抗性，而害虫生长调节剂则可以在很大程度上避

免抗药性的产生。刘玮玮等人发现虫酰肼的使用可以降低甜菜夜蛾当代甚至下一代的群体数量，同时对该药剂不产生抗药性。杨彬等人研究结果表明，20％虫酰肼悬浮剂对甜菜夜蛾有较好的防治效果，持效期在7天以上，且对环境污染少，是防治蔬菜甜菜夜蛾的理想药剂。

第七章　作物病虫害综合防控技术

第一节　粮油主要病虫害综合防控技术

一、水稻稻瘟病

稻瘟病是水稻上最重要的病害之一，分布广，我国南北稻区每年均有不同程度的发生。流行年，一般可减产 10%～20%，严重时可减产 40%～50%，少数田甚至绝产，同时使稻米品质降低。

稻瘟病系气流传染为主的多循环病害，防治应以选用抗病品种与药剂防治为重点。

1. 选用优质，高产，抗病或耐病品种。选用抗病良种是经济有效的防病措施。注意稻瘟病生理小种变化，以防品种丧失抗病性，不要种植单一品种，可用 2～3 个抗病品种搭配种植。并注意轮换、更新，延长抗病品种的使用寿命。

2. 减少菌源：及时处理病稻草，可将病稻草集中烧掉，不可用病稻草苫房，盖窝棚，塾池梗或入水口。

3. 加强田间肥水管理，合理施肥，防止氮肥使用过多，要在平整土地的前提下，实行合理浅灌，分蘖末期进行排水晒田，孕稻到抽穗期要做到浅灌，防止徒长，水稻栽培要合理密植，增加株行间通风透光能力。

4. 田间调查与药剂防治：为了准确及时用药，首先应进行病情调查，一般于水稻分蘖期前，每逢降雨后应进行田间调查，观察有无急性型病斑出现，如有急性型病斑出现应立即进行药剂防治，试药后 10 天左右病情仍在发展可再试药一次。如叶瘟于孕穗期才开始发生，病情不重，可结合预防穗颈瘟进行药剂防治。一般穗颈瘟防治在孕穗末期到抽穗始期进行，不论叶瘟发生轻或重均应进行药剂防治 1 次，为了控制稻颈瘟的发展最好在齐穗期再进行 1 次药剂防治。

可选用的药剂有：发病初期用 75％三环唑（稻艳）可湿性粉剂 375～450g/hm^2，或 25％咪鲜胺（施保克、使百克）乳油 1.5L/hm^2 或 40％稻瘟灵（富士 1 号）乳油 1.25～1.5 L/hm^2，或 50％多菌灵可湿性粉剂 1.5kg/hm^2 喷雾效果较好，如能与酸造醋 1.5L/hm^2 加益微 300L/hm^2混合喷雾效果更好。绿色食品生产田可在发病前用 0.4％低聚糖供需 3L/hm^2，或 2％加收米 1.5L/hm^2 加酪造醋 1.5L/hm^2 加益微 300L/hm^2 混合喷雾，或 8％好米得颗粒剂 22.5kg/hm^2 撒施（水层 3～5cm，保水 5～7 天）。

二、水稻纹枯病

水稻纹枯病发生最普遍，是水稻主要病害之一。我国南北稻区均有发生，长江流域和南方稻区发病严重。一般减产 5％～10％，严重减产可达 50％以上，甚至造成植株倒伏枯死，以致绝收。

1. 打捞菌核，减少初侵染源灌水耕田或插秧前，打捞田边、田角的浪渣，带出田外深埋或烧毁，可清除漂浮的菌核。

2. 湿润灌溉，适时烤田科学用水，做到前期浅灌，适时晒田，浅水养胎，后期湿润，不过早脱水，不长期深灌。

3. 注意有机、无机肥相结合氮、磷、钾配合使用，切忌过施、偏施氮肥。

4. 对发病稻田，应掌握孕穗期病株率达 30％～40％时施药。药液要喷在稻株中、下部。采用泼浇法，田里应保持 3～5 cm 浇水层。

施用井岗霉素时，最好在雨后晴天进行，或在施药后两小时内不下大雨时进行。亩用5%井岗霉素水剂100～150mL，或井岗霉素高浓度粉剂25g，任选一种，兑水100kg常规喷雾，或对水400kg泼浇。

三、稻白叶枯病

水稻白叶枯病是水稻重要病害之一，对产量影响较大。全国各稻区均有发生，水稻发病后，引起叶片干枯，不实率增加，秕谷和碎米多，千粒重降低，轻减产10%～30%，严重是时减产50%以上。甚至颗粒无收。一般籼稻重于梗糯稻，晚稻重于早稻。

以种植抗病品种为基础。秧田防治为关键，抓好肥水管理，辅以化学防治。

1. 选用适合当地的抗病品种。

2. 加强植物检疫，不从病区引种。稻白叶枯病是一种严重的细菌病害，也是检疫病害。如必须引种时，可用1%石灰水或80%402抗菌剂2000倍液浸种2天或50倍的福尔马林浸种3小时，闷种12小时，洗净后催芽。

3. 农业防治，加强水浆管理，浅水勤灌，及时排水，分蘖期排水晒田，秧田严防水淹。妥善处理病稻草，不让病菌与种、芽、苗接触，清除田边再生稻株或杂草。

4. 化学防治发现中心病株，喷洒20%叶枯宁(叶青双)可湿性粉剂，用药100g/667m^2，兑水50L，防效不好时，可同时混入农用链霉素4000倍液，提高防效。还可用10%氯霉素100g/667m^{2}或70%叶枯净胶悬剂100～150g/667m^2，兑水50～60L喷洒。

四、玉米大、小斑病

玉米大、小斑病分布很广，玉米大斑病是世界各玉米产区分布较广，为害较重的病害。我国在1899年就有记载。玉米产区广泛发生的病害之一，主要分布在北方玉米产区和南方玉米产区的冷凉山区。严重发生时，一般减产15%～20%，严重的达50%以上。

玉米小斑病害全世界普遍发生。1970年美国玉米小斑病大流行，减产165亿千克，损失约10亿美元。该病害在我国早有发生的记载，过去只在玉米生长后期多雨年份发生较重，很少引起重视。60年代以后，由于推广的杂交品种感病，小斑病的危害日益加重成为玉米生产上重要病害之一。

采用以种植抗性品种为主，结合适期播种、消灭菌源、加强田间管理和化学防治的综合防治措施。

(一)选用抗病品种

这是防治的关键措施。选育推广抗病高产品种。预防玉米大、小斑病的主要措施，要避免品种的单一性，注意品种的提纯复壮。

(二)消灭菌源

避免秸秆还田，实行2～3年大面积轮作倒茬。收获后及时彻底清理病残体，进行了秋季深翻。

(三)加强栽培管理

因地制宜提早播种，增施氮、磷、钾肥，在拔节期避免脱肥，合理密植，中耕松土，科学灌水，调节农田小气候使之不利发病。

(四)摘除病叶法

发病初期及时摘除基部2～3片叶。并集中处理，可减轻发病。

两种叶斑病一般都是先下部叶片后上部叶片逐渐发病，当下部两叶片发病率在20%左右时，应立即去除病叶，隔7～10天再去除3～5片叶，对控制病害扩展有明显效果。但必须大面积进行，而且在短期内完成效果明显。摘除病叶后立即施肥浇水，促进生长，增强抗病力。

（五）化学防治

玉米抽雄灌浆期是化学防治的关键时期。在心叶末期到抽雄期或发病初期喷洒农抗 120 水剂 200 倍液，隔 10 天防一次，连续防治 2～3 次。目前防治的新品种有 50%扑海因，10%世高，70%代森锰锌，50%菌核净，70%可杀得等。

（六）注意事项

甲基托布津、代森锌、代森锰锌等都不能和波尔多液、石硫合剂等碱性农药混用。代森锰锌在玉米收获前 14 天停止使用。

五、玉米丝黑穗病

玉米丝黑穗病是玉米产区重要病害之一，在我国发生普遍，其中以北方春玉米、西南丘陵山地玉米区受害最重。

玉米丝黑穗是以土壤带菌为传播途径的病害，它的发病率轻重主要与气候条件、土壤条件、栽培条件及种子本身的抗性等因素有关。

1. 选用抗病品种。

2. 实行轮作：与大豆、小麦、谷子进行 3～4 年轮作。

3. 适期早播，掌握墒情和播种质量。

4. 种子处理：25%粉锈宁或 25%羟锈宁，用种子重量的 0.3～0.5%拌种；12.5%速保利，用种子重量的 0.4%～0.8%拌种；100kg 种子用 35%多克福种衣剂 1.5～2L，或 40%卫福胶悬剂 400～500mL 加水 1.6L 拌种。

5. 除掉病株或病穗。

六、玉米瘤黑粉病

玉米瘤黑粉病我国各玉米产区极为普遍的一种病害，也是玉米生产中重要病害之一，分布广泛。由于病菌侵染植株的茎秆、果穗、雄穗、叶片等幼嫩部位，所形成的黑粉瘤消耗大量的植株养分或导致植株空杆不结实，可造成30%～80%的产量损失，严重威胁玉米生产。北方发病重于南方，山区重于平原。

（一）摘除病瘤

在玉米生长期间，结合田间管理，应将发病部位的病原菌“瘤子”，在病瘤未变色时进行人工摘除，用袋子带出田外进行集中深埋或焚烧销毁，减少田间菌源量。切不可随意丢在田间。成熟的病瘤丢在田间后，病瘤产生的黑粉（病原菌）会随风、雨漂移，再次感染玉米幼嫩组织，直到玉米完全成熟。实践证明，摘除销毁病瘤是防治玉米瘤黑粉病的最好措施之一。

（二）消灭侵染来源

与非禾谷类作物轮作2～3年。早春结合防治玉米螟及时处理玉米秸秆，秋季收获后清除田间病残体，实行深翻土壤，减少初浸染源。

1. 加强水肥管理

在抽雄前后适时灌溉，避免受旱。及时防治玉米螟，尽量减少虫伤和耕作机械损伤。增施钾肥，避免偏氮肥，可增强植株抗性，减轻发病。堆肥等需充分腐熟后施用。

2. 化学防治

用玉米种量的0.2%～0.3%的菲醌拌种，或用0.1%抗菌剂401浸种48小时，可减轻受害。发病田块，在细苗期喷用0.5%波尔多液，有一定防病作用。

在玉米抽雄前10天左右，用50%福美双可湿性粉剂500～800倍或50%多菌灵可湿性粉剂800～1000倍喷雾，可减轻再侵染为害。

七、小麦锈病

小麦锈病分条锈病、叶锈病和秆锈病3种，是我国小麦生产上发生面积广、危害最严重的一类病害。条锈病主要危害小麦。叶锈病一般只侵染小麦。秆锈病小麦变种除侵染小麦外，还侵染大麦和一些禾本科杂草。

(1)选用抗(耐)锈病丰产良种。

(2)加强栽培管理，提高植株抗病力。

(3)调节播种期。适当晚播，不宜过早播种。及时灌水和排水。小麦发生锈病后，适当增加灌水次数，可以减轻损失。合理、均匀施肥，避免过多使用氮肥。

(4)药剂防治。播种时可用15%的粉锈宁可湿性粉剂拌种，用量为种子重量的0.1%～0.3%。还可兼治白粉病、腥黑穗病、散黑穗病、全蚀病等，于发病初期喷洒20%三唑酮乳油1 000倍液或15%烯唑醇可湿性粉剂1 000倍液，可兼治条锈病、秆锈病和白粉病，隔10～20天1次，防治1～2次。

八、小麦叶枯病

小麦叶枯病主要在黄淮平原、长江中下游，以及甘肃、青海等省，各冬春麦区有不同程度发生，叶片光和功能下降。严重发生时叶片黄枯，不能正常灌浆结实，千粒重下降。

(1)选用抗病耐病良种。

(2)深翻灭茬。清除病残体，消灭自生麦苗。

(3)农家肥高温堆沤后施用。重病田可考虑轮作。

(4)在小麦扬花至灌浆期用15%粉锈宁可湿性粉剂50～60克，对水喷雾，兼治锈病、白粉病，另外对赤霉病防效显著。

九、小麦赤霉病

小麦赤霉病别名麦穗枯、烂麦头、红麦头，是小麦的主要病害之一。小麦赤霉病在全世界普遍发生，但以长江中、下游冬麦区流行频率高、损失大。近年来，在华北麦区有明显发展趋势。潮湿和半潮湿区域受害严重。从幼苗到抽穗都可受害，主要引起苗枯、茎基腐、秆腐和穗腐，其中，为害最严重的是穗腐。大流行年份病穗率达 50%～100%，减产 10%～40%。

(1)选用抗病种。

(2)深耕灭茬，清洁田园，消灭菌源。

(3)开沟排水，降低田间湿度。

(4)小麦抽穗至盛花期，每 667 平方米用 40%多菌灵胶悬剂 100 克或 70%甲基托布津可湿粉剂 75～100 克，对水 60 千克喷雾，如扬花期连续下雨，第一次用药 7 天后再用药 1 次。

十、小麦丛矮病

小麦丛矮病在我国分布较广，许多省市均有发病。20 世纪 60 年代在西北及山东即形成危害，有的省低发病的年份在 5%左右，大发生年达 50%以上，个别田块颗粒无收。爆发成灾时有的县城可绝收和毁种的达千亩。小麦丛矮病主要危害小麦，由北方禾谷花叶病毒引起。小麦、大麦等是病毒主要越冬寄主。

(1)清除杂草、消灭毒源。

(2)小麦平作，合理安排套作，避免与禾本科植物套作。

(3)精耕细作、消灭灰飞虱生存环境，压低毒源、虫源。适期连片播种，避免早播。麦田冬灌水保苗，减少灰飞虱越冬。小麦返青期早施肥水提高成穗率。

(4)药剂防治。用种子量 0.3%的 60%甲拌磷拌种堆闷 12 小时，防效显著。出苗后喷药保护，包括田边杂草也要喷洒，压低虫源，可选用40%氧化乐果乳油、50%马拉硫磷乳油或50%对硫磷乳油1 000～1 500倍液，也可用25%扑虱灵(噻嗪酮、优乐得)可湿性粉剂750～1 000倍液。小麦返青盛期也要及时防治灰飞虱，压低虫源。

十一、麦蚜

麦蚜是小麦上的主要害虫之一，对小麦进行刺吸危害，影响小麦光合作用及营养吸收、传导。小麦抽穗后集中在穗部危害，形成秕粒，使千粒重降低造成减产。全世界各麦区均有发生。主要危害麦类和其他禾本科作物与杂草，若虫、成虫常大量群集在叶片、茎秆、穗部吸取汁液，被害处初呈黄色小斑，后为条斑，枯萎、整株变枯至死。

成、若蚜刺吸植物组织汁液，引致叶片变黄或发红，影响生长发育，严重时植株枯死。玉米蚜多群集在心叶，为害叶片时分泌蜜露，产生黑色霉状物。别于高粱蚜。在紧凑型玉米上主要为害雄花和上层1～5叶，下部叶受害轻，刺吸玉米的汁液，致叶片变黄枯死，常使叶面生霉变黑，影响光合作用，降低粒重，并传播病毒病造成减产。

(1)选择一些抗虫耐病的小麦品种，造成不良的食物条件。播种前用种衣剂加新高脂膜拌种，可驱避地下病虫，隔离病毒感染，不影响萌发吸胀功能，加强呼吸强度，提高种子发芽率。

(2)冬麦适当晚播，实行冬灌，早春耙磨镇压。作物生长期间，要根据作物需求施肥、给水，保证NPK和墒情匹配合理，以促进植株健壮生长。雨后应及时排水，防止湿气滞留。在孕穗期要喷施壮穗灵，强化作物生理机能，提高授粉、灌浆质量，增加千粒重，提高产量。

(3)药剂防治注意抓住防治适期和保护天敌的控制作用。麦二叉蚜要抓好秋苗期、返青和拔节期的防治；麦长管蚜以扬花末期防治最佳。小麦拔节后用药要打足水，每亩用水 2～3 壶才能打透。选择药剂有：40％乐果乳油 2000～3000 倍液或 50％辛硫磷乳油 2000 倍液，兑水喷雾；每亩用 50％辟蚜雾可湿性粉剂 10 克，兑水 50～60 千克喷雾；用 70％吡虫啉水分散粒剂 2 克一壶水或 10％吡虫啉 10 克一壶水加 2.5％功夫 20ml～30ml 喷雾防治。

十二、麦蜘蛛

小麦红蜘蛛是一种对农作物危害性很大的害虫，小麦、大麦、豌豆、苜蓿等作物一旦被害，常导致植株矮小，发育不良，重者干枯死亡。常分布于山东、山西、江苏、安徽、河南、四川、陕西等地。

(1)因地制宜进行轮作倒茬，麦收后及时浅耕灭茬；冬春进行灌溉，可破坏其适生环境，减轻为害。

(2)播种前用 75％3911 乳剂 0.5 千克，对水 15～25 千克，拌麦种 150～250 千克，拌后堆闷 12 小时后播种。

(3)必要时用 2％混灭威粉剂或 1，5％乐果粉剂，每 667m^2 用 1.5～2.5kg 喷粉，也可掺入 30～40 千克细土撒毒土。

(4)虫口数量大时喷洒 40％氧化乐果乳油或 40％乐果乳油 1500 倍液，每 667 平方米喷对好的药液 75 千克。

十三、吸浆虫

小麦吸浆虫为世界性害虫，广泛分布于亚洲、欧洲和美洲主要小麦栽培国家。国内的小麦吸浆虫亦广泛分布于全国主要产麦区。

(1)撒毒土。主要目的是杀死表土层的幼虫、蛹和刚羽化的成虫，使其不能产卵。在小麦拔节期用 3％乐斯本颗粒剂、3％甲基异柳磷颗粒剂，或 3％辛硫磷颗粒剂进行防治，每亩用药量 3 kg，以上药剂任选一种，加细土 20 千克混匀，在下午 3 时后均匀撒于麦田地表，能大量杀灭幼虫，并抑制成虫羽化。

(2)喷药。在小麦抽穗初期(10％麦穗已经抽出)进行麦田喷雾。主要目的是杀死吸浆虫成虫、卵及初孵幼虫，阻止吸浆虫幼虫钻入颖壳。每亩用 48％乐斯本乳油 40 毫升、40％氧化乐果乳油 100 毫升，或 20％杀灭菊酯 25 毫升，以上药剂任选一种，兑水 20 kg喷洒在小麦穗部。严重地块可喷药 2 次，间隔 5～7 天。

(3)熏蒸。每亩用 80％的敌敌畏 100g～150g，兑水 2 千克均匀喷在 20 kg麦糠上，混合均匀后，在傍晚撒入田间，熏蒸防治成虫。

十四、麦叶蜂

麦叶蜂是小麦拔节后常见的一种食叶型害虫，一般年份发生并不严重，个别年份局部地区也可猖獗为害，取食小麦叶片，尤其是旗叶，对产量影响较大。

(1)农业防治：在种麦前深耕时，可把土中休眠的幼虫翻出，使其不能正常化蛹，以致死亡，有条件的地区实行水旱轮作，进行稻麦倒茬，可消灭危害。

(2)药剂防治：每亩用 2.5％天达高效氯氟氰菊酯乳油每亩 20 毫升加水 30 千克做地上部均匀喷雾，或 2％天达阿维菌素 3000 倍液，早、晚进行喷洒。

(3)人工捕打：利用麦叶蜂幼虫的假死习性，傍晚时进行捕打。

第二节　蔬菜主要病虫害综合防控技术

一、黄瓜

（一）病害

（1）黄瓜猝倒病。黄瓜猝倒病主要危害黄瓜等瓜类未出土或刚出土不久的幼苗，大苗很少被害。苗期露出土表的胚茎基部或中部呈水溃状，后变成黄褐色，枯缩为线状，往往子叶尚未凋萎，幼苗即突然猝倒，致幼苗贴伏地面，但植株仍保持青绿色。黄瓜发芽期染病，发病严重时造成烂芽烂种，使幼苗不能出土，有时瓜苗出土，但胚轴和子叶已普遍腐烂，变褐枯死。湿度大时，病株附近长出白色棉絮状菌丝。

（2）黄瓜白粉病。黄瓜白粉病主要危害叶片，也能危害叶柄和叶茎，黄瓜幼苗期和成株期均可染病。叶片染病，先由植株的下部叶片开始发生，发病初期先在叶正面或叶背面产生白色粉状小圆斑，后逐渐扩大为不规则形、边缘不明显的白粉状霉层。发病中后期，白色粉状霉层老熟，呈灰色或灰褐色，上有黑色的小粒点。发病末期，病叶组织变为黄褐色而枯死。叶柄和茎染病，叶柄和茎上密生白粉状霉层，霉层连接成片。

（3）黄瓜霜霉病。黄瓜霜霉病主要危害叶片，多在开花结果后发生，从下部老叶开始发病。发病初期，叶片背面出现水渍状、浅绿色斑点，扩大后受叶脉限制呈多角形，病斑颜色变化为绿色、黄色，最后变为褐色，潮湿情况下叶片背面病斑上长出紫黑色霉层。发病严重时病斑连接成片，整个叶片枯黄。

（4）黄瓜花叶病毒病。黄瓜花叶病毒病多导致黄瓜全株发病，黄瓜苗期发病子叶变黄枯萎，幼叶呈现浓绿与淡绿相间花叶状；成株发病新叶呈黄、绿相嵌状花叶，病叶小，略皱缩，严重时叶反卷，病株下部叶片逐渐黄枯。发病重的黄瓜节间短缩，簇生小叶，不结瓜，以致萎缩枯死。发病初期表现“明脉”症状，逐渐在新叶上表现花叶，病叶变窄，伸直呈拉紧状，叶表面茸毛稀少。

(5)黄瓜枯萎病。黄瓜枯萎病在黄瓜整个生长期均能发生，以开花结瓜期发病最多。苗期发病时茎基部变褐缢缩、萎蔫猝倒。幼苗受害早时，出土前就可腐烂，或出苗不久子叶就会出现失水状，萎蔫下垂。成株发病时，初期受害植株表现为部分叶片或植株的一侧叶片，中午萎蔫下垂，似缺水状，但早晚恢复，数天后不能再恢复而萎蔫枯死。主蔓茎基部纵裂，撕开根茎病部，维管束变黄褐色至黑褐色并向上延伸。潮湿时，茎基部半边茎皮纵裂，常有树脂状胶质溢出，上有粉红色霉状物，最后病部变成丝麻状。

(6)黄瓜菌核病。黄瓜菌核病主要危害黄瓜茎基部和果实，也能危害茎蔓和叶，在黄瓜苗期至成株期均可发生。茎染病，发病部位主要在茎基部和茎分杈处，发病初期产生水渍状斑，扩大后呈淡褐色，病茎软腐纵裂，病部以上茎蔓和叶凋萎枯死。湿度高时病部长出一层白色棉絮状菌丝体，受害后茎秆内髓部受破坏，发病末期腐烂而中空，剥开后可见白色菌丝体和黑色菌核。菌核鼠粪状，呈圆形或不规则形，早期白色，后外部变为黑色，内部白色。叶片染病，初呈水渍状斑，扩大后呈灰褐色近圆形大斑，边缘不明显，病部软腐，并产生白色棉絮状菌丝，发病严重时产生黑色鼠粪状菌核。果实染病，发病初期在幼果脐部呈水渍状腐烂，果表长白色棉絮状菌丝并形成黑色粒状菌核。

(二)虫害

(1)瓜绢螟。瓜绢螟幼龄幼虫在叶背面啃食叶肉，呈灰白斑，三龄后吐丝将叶或嫩梢缀合，居其中取食，使叶片穿孔或缺刻，严重时仅留叶脉。幼虫常蛀入瓜内，影响黄瓜产量和质量。

(2)温室白粉虱。温室白粉虱成虫体长 1～1.5 毫米，淡黄色，翅面覆盖白蜡粉，停息时双翅在体上合成屋脊状如蛾类。该虫吸食植物体内糖类，其分泌物影响植株呼吸作用和易引发真菌污染，同时传播病毒。

(3)瓜蚜。黄瓜田瓜蚜主要是棉蚜，是葫芦科蔬菜的重要害虫。成虫、若虫在黄瓜嫩叶及生长点吸食汁液，叶片卷缩，生长停滞，甚至全株萎蔫死亡。黄瓜成株叶片受害，提前枯黄、落叶，缩短结瓜期，造成减产。此外，瓜蚜还能传播病毒病。

(4)瓜蓟马。瓜蓟马以成虫、若虫锉吸心叶、嫩芽、幼瓜的汁液，使被害株心叶不能正常展开，生长点萎缩变黑枯焦而出现丛生现象。幼瓜受害毛茸变黑，出现畸形，严重时造成落瓜。成瓜受害后瓜皮粗糙，有黄褐色斑纹或瓜皮长满锈斑，使瓜的外观、品质受损，商品性下降。同时，瓜蓟马还能传播多种病毒病，加重损失程度。

二、番茄

(一)病害

(1)番茄灰霉病。番茄灰霉病主要危害番茄果实，也可以侵害叶片和茎等部位。果实受害一般先从残留的花瓣、花托等处开始，出现湿润状、灰褐色不规则形的病斑，逐渐发展成湿腐，从萼片部向四周发展，可使 1/3 以上的果实腐烂，病部长出一层鼠灰色茸毛状的霉层。叶片染病多从叶尖或叶缘开始，发生不规则形的湿润状、灰褐色病斑，可造成叶片湿腐凋萎。茎部染病发生长椭圆形或不规则形的长条状、灰褐色病斑，潮湿时亦长出灰色霉层，严重时可引致病斑以上的茎、叶枯死。

(2)番茄叶霉病。番茄叶霉病主要危害番茄叶片，严重时也危害茎、花和果实。叶片发病，初期叶片正面出现黄绿色、边缘不明显的斑点，叶片背面出现灰白色霉层，后霉层变为淡褐色至深褐色；湿度大时，叶片表面病斑也可长出霉层。病害常由下部叶片先发病，逐渐向上蔓延，发病严重时霉层布满叶背，叶片卷曲，整株叶片呈黄褐色干枯。嫩茎和果柄上也可产生相似的病斑，花器发病易脱落。果实发病，果蒂附近或果面上形成黑色圆形或不规则形斑块，硬化凹陷，不能食用。

(3)番茄病毒病。番茄病毒病症状主要有3种：花叶型、蕨叶型、条斑型。花叶型，叶片上出现黄绿相间或深浅相间斑驳，叶脉透明，叶略有皱缩，植株略矮；蕨叶型，植株不同程度矮化，由上部叶片开始全部或部分变成线状，中、下部叶片向上微卷，花冠变为巨花；条斑型，可发生在叶、茎、果上，在叶片上为茶褐色的斑点或云纹，在茎蔓上为黑褐色条形斑块，斑块不深入茎、果内部。此外，有时还可见到巨芽、卷叶和黄顶型症状。

(4)番茄晚疫病。番茄晚疫病发生于叶、茎、果实等部位，病斑大多先从叶尖或叶缘开始，初为水渍状褪绿斑，后渐扩大，在空气湿度大时病斑迅速扩大，可扩及叶的大半以至全叶，并可沿叶脉侵入到叶柄及茎部，形成褐色条斑。果实染病，多在青果附近果柄处产生灰绿色水渍状硬斑块，黑褐色，稍凹陷，潮湿时长出白色霉层。

(5)番茄早疫病。番茄早疫病在番茄苗期、成株期都可发病，危害叶片、茎、花、果等部位，以叶片和茎叶分枝处最易发病。

叶部发病：叶片初期出现水渍状暗褐色病斑，扩大后近圆形，有同心轮纹，边缘多具浅绿色或黄色晕环。潮湿时病斑长出黑霉。发病多以植株下部叶片开始，逐渐向上发展。严重时，多个病斑可联合成不规则形大斑，造成叶片早枯。

茎部发病：茎部发病多在分枝处产生褐色至深褐色不规则圆形或椭圆形病斑，凹或不凹，表面生灰黑色霉状物。

果实发病：青果发病多在花萼处或脐部形成黑褐色近圆形凹陷

病斑，后期从果蒂裂缝处或果柄处发病，在果蒂附近形成圆形或椭圆形暗褐色病斑，病斑凹陷，有同心轮纹，斑面着生黑色霉层，病果易开裂，提早变红。

(6)番茄枯萎病。番茄枯萎病主要危害番茄根茎部，主要表现为成株期发病。成株期发病初始，叶片在中午萎蔫下垂，并由下而上变黄，后变褐色萎蔫下垂，早晚又恢复正常，叶色变淡，似缺水状，病情由下向上发展，反复数天后，逐渐遍及整株叶片萎蔫下垂，叶片不再复原，最后全株枯死。横剖病茎，可见病部维管束呈褐色。湿度高时，死株的茎基部常布粉红色霉层。

(二)虫害

(1)美洲斑潜蝇。美洲斑潜蝇成虫小，体长 1.3～2.3 毫米，浅灰黑色，胸背板亮黑色，体腹面黄色，雌虫体比雄虫大。

成虫和幼虫均可危害植物。雌虫以产卵器刺伤寄主叶片，形成小白点，并在其中取食汁液和产卵。幼虫蛀食叶肉组织，形成先细后宽的蛇形弯曲或蛇形盘绕虫道，其内有交替排列整齐的黑色虫类；成虫产卵取食也造成伤斑。受害重的叶片表面布满白色的蛇形潜道及刻点，严重影响植株的发育和生长。

(2)番茄斑潜蝇。番茄斑潜蝇成虫翅长约 2 毫米，除复眼、单眼三角区、后头及胸、腹背面大体黑色，其余部分和小盾板基本黄色。成虫内、外顶鬃均着生在黄色区。

幼虫孵化后潜食叶肉，呈曲折蜿蜒的食痕，番茄苗期 2～7 叶期受害多，严重时潜痕密布，致叶片发黄、枯焦或脱落。虫道的终端不明显变宽。

(3)茶黄螨。雌成螨长约 0.21 毫米，体躯阔卵形，体分节不明显，淡黄色至黄绿色，半透明有光泽，足 4 对，沿背中线有 1 白色条纹，腹部末端平截。雄成螨体长约 0.19 毫米，体躯近六角形，淡黄色至黄绿色，腹末有锥台形尾吸盘，足较长且粗壮。

以成螨和幼螨集中在蔬菜幼嫩部分刺吸危害。受害叶片背面呈灰褐色或黄褐色，油渍状，叶片边缘向下卷曲；受害嫩茎、嫩枝变黄褐色，扭曲变形，严重时植株顶部干枯；受害果实果皮变黄褐色。该虫害主要在夏、秋露地发生。

(4)茄二十八星瓢虫。成虫体长 6 毫米，半球形，黄褐色，体表密生黄色细毛。前胸背板上有 6 个黑点，中间的 2 个常连成 1 个横斑，每个鞘翅上有 14 个黑斑，其中第二列 4 个黑斑呈一直线。

成虫和幼虫食叶肉，蚕食后叶片表皮呈网状，严重时全叶食尽，此外该虫喜食瓜果表面，受害部位变硬，带有苦味，影响产量和质量。

(5)棉铃虫。棉铃虫对番茄的危害，在不同的器官上表现是不一的，一是对成熟的果实只蛀食果内的部分果肉，但常因蛀孔在降水或喷灌进水后溃烂；二是幼果先被蛀食，然后逐步被掏空；三是幼蕾受害后，萼片张开，进而变黄脱落；四是蚕食部分幼芽、幼叶和嫩茎，常使嫩茎折断。棉铃虫一旦大量发生，番茄的产量和品质会受到严重影响。

三、甘蓝

(一)病害

(1)甘蓝软腐病。甘蓝软腐病发病，一般始于甘蓝结球期，初在外叶或叶球基部出现水渍状斑，植株外层包叶中午萎蔫，早晚恢复，数天后外层叶片不再恢复，病部开始腐烂，叶球外露或植株基部逐渐腐烂成泥状，或塌倒溃烂，叶柄或根茎基部的组织呈灰褐色软腐，严重时全株腐烂，病部散发出恶臭味。

(2)甘蓝根肿病。染病后植株地上部萎蔫，叶片变黄，致根生长不良，扒开根际土壤可见根部出现肿大的根瘤状物，纺锤形或不规则状。

(3)甘蓝黑腐病。甘蓝黑腐病发病时，叶片上产生“V”形黄褐色病斑，导管(又称维管束)变黑色。叶片腐烂时，不发生臭味，可区别于软腐病。

(4)甘蓝菌核病。成株受害多发生在近地表的茎、叶柄或叶片上，初生水渍状淡褐色病斑，引起叶球或茎基部腐烂，但不发生臭恶，在病部表面长出白色棉絮状菌丝体及黑色鼠粪状菌核。

(5)甘蓝根结线虫病。该病主要发生在甘蓝根部的须根或侧根上，病部产生肥肿畸形瘤状根结，解剖根结可见很小的白色线虫埋于其内。一般在根结之上可生出细弱新根，再度染病，则形成根结状肿瘤。地上部发病轻时症状不明显，发病重时矮小，发育不良，结实少，干旱时中午萎蔫或提早枯死。

(二)虫害

(1)甘蓝蚜。甘蓝蚜刺吸植物汁液，造成叶片卷缩变形，植株生长不良，影响包心，并因大量排泄蜜露、蜕皮而污染叶面，降低蔬菜商品价值。甘蓝蚜能传播病毒病。

(2)甘蓝夜蛾。甘蓝夜蛾食性杂，除危害甘蓝、白菜外，还危害各种十字花科蔬菜及其他蔬菜。初孵幼虫群集在叶背啃食叶片，残留表皮成“小天窗”状，稍大时渐分散，被食叶片呈小孔、缺刻状。四龄后蚕食叶片。

(3)球茎甘蓝银纹夜蛾。初孵幼虫群集在叶背面剥食叶肉，残留表皮，大龄幼虫则分散危害，蚕食叶片成孔洞或缺刻。

四、芹菜

(一)病害

(1)芹菜叶斑病。该病危害植株时，首先在叶边缘、叶柄处发病，逐步蔓延到整个叶片，叶片被害初呈黄绿色水渍状斑，后发展为圆形或不规则形，不受叶脉限制，严重时病斑扩大汇合成斑块，终致整个叶片变黄枯死。茎或叶柄处受害时，病斑椭圆形，病斑大小 3～23 毫米，开始为黄色，逐渐变成灰褐色凹陷，茎秆开裂，严重时茎秆缢缩、倒伏，高湿时腐烂。发病后期，叶面、叶背均长出灰白色霉层。

(2)芹菜叶枯病。芹菜叶枯病主要危害芹菜的叶片、叶柄和茎。叶片染病，一般从植株下部老叶开始，渐向新叶发展，病斑初为淡黄色，后变为淡褐色油渍状小斑点，边缘明显，后发展为不规则形斑，颜色由浅黄色变为灰白色，病斑中心坏死。后期病斑边缘为深褐色，中央散生小黑点。根据病斑的大小，分为大斑型和小斑型。叶柄和茎受害，病斑初为水渍状小点，后发展为淡褐色长圆形凹陷病斑，中间散生黑色小点。严重时，叶枯，茎秆腐烂。

(3)芹菜菌核病。芹菜菌核病可危害芹菜的叶片、叶柄和茎，一般叶片首先发病，呈暗色污斑，潮湿时表面密生白色霉层。然后向下蔓延引起叶柄和茎发病。受害部位呈褐色水渍状，湿度大时形成软腐，表面长出白色菌丝，最后茎组织腐烂呈纤维状，茎内中空，形成鼠粪状黑色菌核。

(4)芹菜灰霉病。芹菜苗期多从幼苗根茎部发病，呈水渍状坏死斑，表面密生灰色霉层。成株期地上部均可发病，一般开始多从植株有结露的心叶或下部有伤口的叶片、叶柄或枯黄衰弱的外叶先发病，初为水渍状，后病部软化、腐烂或萎蔫，病部长出灰色霉层。严重时，芹菜整株腐烂。

(二)虫害

(1)芹菜根结线虫。此病仅危害根部。芹菜被害后，地上植株，轻者症状不明显，重者生长不良，植株比较矮小，中午气温较高时，植株呈萎蔫状态，早晚气温较低或浇水后，暂时萎蔫的植株又可恢复正常。根部以侧根和须根最易被害，上有大大小小的不同的根结，开始呈白色，后来成浅褐色。剖开根结，可见病部组织里有很小的乳白色线虫。

(2)温室白粉虱。温室白粉虱主要以吸食芹菜植株汁液为生，引起被害叶片褪绿、变黄、萎蔫，甚至全株枯死，同时分泌大量蜜液，严重污染叶片，从而导致煤污病的发生，使蔬菜失去商品价值。

(3)芹菜潜叶蝇。芹菜潜叶蝇主要危害芹菜植物叶片，幼虫钻入叶片组织啃食叶肉组织，造成叶片呈不规则形白色条斑，使叶片逐渐枯黄，造成叶片内叶绿素分解，叶片中糖分降低，危害严重时被害植株叶黄脱落，甚至死苗。

第八章　果树病虫害综合防控技术

第一节　果树病害

一、苹果腐烂病

（一）症状

苹果的枝干均能发病，发病初期，病部树皮呈红褐色、水渍状，稍隆起，病斑呈圆形或不规则形，病组织松软，手压易陷，流黄褐色汁液，有酒糟味，病皮易剥离。后来病部干缩下陷，变成黑褐色，表面有许多突起的小黑点，雨后或空气湿度大时，可涌出橘黄色、卷须状的物质。

（二）防治要点

(1)加强栽培管理，提高树体抗病能力，改善立地条件，增施有机肥，合理搭配磷、钾肥，避免偏施氮肥。

(2)清除病残体，减少菌源将病树皮、病枯枝等清除干净，集中烧毁，以减少田间病源。

(3)喷药防病早春发芽前，喷洒 40％福美胂 100～200 倍液。对重病树，在夏季 7 月上、中旬可用 40％福美胂 50 倍液对主干、大枝中下部涂刷；秋季采收后再喷一遍福美胂 500 倍液。

(4)加强检查，及时治疗常用：①刮治。将坏死组织彻底刮除，周围刮去 0.5～1 厘米好皮，深达木质部，边缘切成立茬。刮后涂抹消毒剂，可用40%福美胂50倍液加2%平平加，或10波美度石硫合剂。②涂治。用刮刀在病斑外1厘米处划一隔离圈，然后在病斑上纵横划道，深达木质部。之后涂药杀菌，可用40%福美胂0.1千克+平平加0.1千克+水5千克配制而成的混合液。

二、苹果轮纹病

(一)症状

枝干受害以皮孔为中心，产生红褐色近圆形或不定型的硬质病斑，中心隆起，病、健交界处环裂后，病斑呈马鞍状。许多病斑相连，造成树皮粗糙。果实受害后，以皮孔为中心生成水渍状褐色同心轮纹斑，中心表皮下可散生黑色粒点。

(二)防治要点

(1)加强栽培管理，提高树体抗病力。

(2)减少菌源在休眠期刮除枝干上的病瘤，清扫病果。并于发芽前全树喷35%轮纹铲除剂100～200倍液等效果较好。

(3)药剂防治在果树落花后15天开始至8月上旬，每15～20天喷1次保护剂或内吸性杀菌剂，以保护果实和枝干。幼果期可喷洒61%花麦特800～1000倍液或35%轮纹铲除剂400倍液等。果实膨大后，可喷施1∶2∶240倍波尔多液，或50%轮炭必克1500～2000倍液。

(4)果实套袋可防治轮纹病。

(5)储藏果的处理采果后10天内用仲丁胺100～200倍液浸果1～3分钟，储藏期间窖内温度控制为1～2℃。

三、苹果炭疽病

(一)症状

主要危害果实，也可危害叶片和新梢。果实发病后，病斑呈圆形、褐色、凹陷，腐烂部呈漏斗状、味苦，斑上有同心轮纹排列的小黑点。

（二）防治要点

（1）减少菌源结合冬剪，剪掉病枯枝、病僵果和病果台等，减少初侵染菌源；生长季节及时摘除病果，清除落果，减少再侵染菌源。

（2）加强栽培管理，增施有机肥与磷钾肥，改善树冠通风透光条件，控制结果量，中耕除草，及时排水，果园周围 50 米以内不种植刺槐树。

（3）药剂防治，苹果落花后 1 周开始，每 15 天左右喷药 1 次，至 8 月中旬止。药剂可用 61%花麦特 800～1000 倍液、95%乙膦铝 80 倍液或 80%炭疽福美胂 500～600 倍液等。

四、苹果早期落叶病

（一）症状

叶片发病后，褐斑病的病斑呈暗褐色，边缘不整齐，呈同心轮纹状或针刺状。圆斑病的病斑呈圆形，褐色，病、健交界明显，中央有一个小黑点。灰斑病的病斑呈圆形，灰褐色至灰白色，斑上散生小黑点。轮斑病的病斑略呈圆形，较大，褐色，有明显的深浅交错的同心轮纹。多发生在叶片边缘，潮湿时病斑背面产生黑色霉层。

（二）防治要点

（1）减少菌源，秋末冬初彻底清扫落叶和其他病残体，并集中烧掉或深埋。

（2）加强栽培管理，避免偏施氮肥，控制结果量，雨季及时排水，合理修剪，保持树冠内膛通风透光良好。

（3）药剂防治，一般幼树可于 5 月上旬、6 月上旬、7 月上旬各喷 1 次药，多雨年份 8 月份再增加 1 次。结果期可结合防治轮纹病、炭疽病同时进行。常用药剂有 1：2：200 波尔多液（有些苹果品种勿用，如金帅等）、80％必得利 Mz－120 600～800 倍液或 80％代森锰锌可湿性粉剂 800 倍液等，喷药时要均匀周到。

五、梨黑星病

可以危害梨的所有组织。

（一）症状

受害处先生出黄色斑，渐渐扩大后在病斑叶背面生出黑色霉层，从正面看仍为黄色，不长黑霉。果实受害处出现黄色圆斑并稍下陷，后期长出黑色霉层。

（二）防治方法

在病害发病初期，用 80％代森锰锌可湿粉剂 600 倍液、40％杜邦福星乳油 8000～10000 倍液或 80％必备可湿性粉剂 500～600 倍液喷雾，每隔 7～10 天喷 1 次，连续喷 4～6 次，也可与波尔多液交替使用。

六、梨康氏粉蚧

主要入袋害虫之一。

（一）症状

萼洼、梗洼处受害最重。被害处产生紫红色晕斑，停止生长，形成畸形果，严重时果面龟裂、干枯。

（二）防治方法

(1)农业防治：刮树皮和翘皮以杀死越冬卵。

(2)药剂防治：喷蚧螨灵 400 倍液效果明显。

七、桃细菌性穿孔病

（一）症状

主要危害叶片，也侵害枝梢和果实。叶片多于5月发病，初发病叶片背面为水浸状小点，扩大后形成圆形或不规则形的病斑，紫褐色至黑褐色。幼果发病时开始出现浅褐色圆形小斑，以后颜色变深，稍凹陷；潮湿时分泌黄色黏质物，干燥时形成不规则裂纹。

（二）防治要点

（1）综合防治。加强桃园综合管理，增强树势，提高抗病能力。园址切忌建在地下水位高的地方或低洼地；土壤黏重和雨水较多时，要筑台田，改土防水；冬夏修剪时，及时剪除病枝，清扫病落叶，集中烧毁或深埋。

（2）药剂防治。芽膨大前期喷施5波美度石硫合剂或1∶1∶100波尔多液，杀灭越冬病菌；展叶后至发病前喷施65%代森锌可湿性粉剂500倍液1～2次，或72%农用链霉素可湿性粉剂3000倍液。

八、桃白粉病

（一）症状

叶片染病后，叶正面产生褪绿性边缘极不明显的淡黄色小斑，斑上生白色粉状物，病叶呈波浪状。

（二）防治要点

（1）落叶后至发芽前彻底清除果园落叶，集中烧毁。发病初期及时摘除病果深埋。

（2）发病初期及时喷洒50%硫黄悬浮剂500倍液、50%多菌灵可湿性粉剂800～1000倍液或20%粉锈灵乳油1000倍液，均有较好防效。

九、桃炭疽病

（一）症状

炭疽病主要危害果实，也可危害叶片和新梢。成熟期果实染病，初呈淡褐色水浸状病斑，渐扩展，红褐色，凹陷，呈同心环状皱缩，并融合成不规则大斑，病果多数脱落。

（二）防治要点

(1)加强栽培管理。多施有机肥和鳞、钾肥，适时进行夏季修剪，改善树体结构，通风透光。

(2)药剂防治。萌芽前喷 3～5 波美度石硫合剂加 80％的五氯酚钠 200～300 倍液。开花前喷施 80％炭疽福美可湿性粉剂 800 倍液或 80％甲基硫菌灵可湿性粉剂 1500 倍液。药剂最好交替使用。

十、桃褐腐病

（一）症状

主要危害果实，也危害花、叶和新梢。被害果实、花、叶干枯后挂在树上，长期不落。果实从幼果到成熟期至储运期均可发病，但以生长后期和储运期果实发病较多、较重。果实染病后果面开始出现小的褐色斑点，后扩大为圆形褐色大斑，果肉呈浅褐色并快速腐烂。

（二）防治要点

(1)治虫。及时防治蜻象、象鼻虫、食心虫、桃蛀螟等蛀果害虫，减少伤口。

(2)药剂防治。谢花后 10 天至采收前 20 天喷施 65％代森辞 400～500 倍液、70％甲基破菌灵 800 倍液或 50％克菌丹可湿性粉剂 800～1000 倍液。

十一、桃流胶病

（一）症状

此病多发生于树干处。初期病部略膨胀，逐渐溢出半透明的胶质，雨后加重。其后胶质渐成冻胶状，失水后呈黄褐色，干燥时变为黑褐色。严重时树皮开裂，皮层坏死，生长衰弱，叶色变黄，果小苦味，甚至枝干枯死。

（二）防治要点

（1）剪锯口、病斑刮除后涂抹843康复剂。

（2）落叶后，树干、大枝涂白，防止日灼、冻害，兼杀菌治虫。涂白剂配制方法：优质生石灰12千克，食盐2～2.5千克，大豆汁0.5千克，水36千克。先把优质生石灰化开，再加入大豆汁和食盐，搅拌成糊状。

十二、桃根癌病

（一）症状

桃树根癌病原是根癌农杆菌。癌变主要发生在根颈部，也发生于主根、侧根。发病植株水分、养分流通阻滞，地上部分生长发育受阻，树势日衰，叶薄、细瘦、色黄，严重时干枯死亡。

（二）防治要点

定植后的果树上发现病瘤时，先用快刀彻底切除癌瘤，然后用稀释100倍硫酸铜溶液消毒切口，再外涂波尔多液保护，也可用5波美度石硫合剂涂切口，外加凡士林保护，切下的病瘤应随即烧毁。

十三、葡萄炭疽病

（一）症状

主要侵害葡萄果实，也能侵染新梢、叶片、果梗、穗轴等。果实发病，开始在果面上出现水浸状、淡褐色斑点或雪花状病斑，逐渐扩大呈圆形深褐色病斑，病斑处着生许多黑色小粒点，为病原菌的分生孢子盘，在空气潮湿时，小粒点上溢出粉红色黏胶状分生孢子团，后期病斑凹陷，病粒逐渐失水皱缩，振动时易脱落。

（二）防治要点

(1)消灭越冬菌源。结合冬季修剪，把植株上的穗柄，架面上的副梢、卷须剪除干净，集中烧毁或深埋。芽萌动后展叶前，喷 5 波美度石硫合剂，或 50％退菌特 200 倍液等铲除剂。

(2)果穗套袋。于 5 月下旬、6 月上旬幼果期(田间分生孢子出现前)，对果穗进行套袋。套前可喷 600 倍退菌特或800 倍多菌灵液，然后将纸袋套好扎紧。

(3)药剂防治。5 月中下旬用 50％福美双 500～600 倍液，多菌灵一井冈霉素 800～1000 倍液，或 75％百菌清 500～800 倍液，或科博 500 倍液等，连喷两遍。以后每隔 10～15 天喷一次，半量式波尔多液与上述杀菌剂间隔使用。

十四、葡萄霜霉病

（一）症状

主要为害叶片，也能侵染新梢、花序和幼果。叶片受害，叶面最初产生半透明、边缘不清晰的多角形斑块。空气潮湿时，病斑背面产生一层白色的霉状物，后期病斑变褐焦枯，病叶易提早脱落。花及幼果感病，呈暗绿色至深褐色，并生出白色霜状霉层，后干枯脱落。果实长到豌豆粒大时感病，最初呈现红褐色斑，然后僵化开裂。

（二）防治要点

药剂保护。波尔多液是防治此病的良好保护剂，发病前喷半量式 200 倍波尔多液，以后喷等量式 160～200 倍波尔多液，每 15～20 天一次，连喷 3～5 次。还可喷 72％克露 600 倍液，10％绿得保 500 倍液，都是防治霜霉病的特效药。

十五、葡萄黑痘病

（一）症状

主要侵染植株的新梢、嫩叶、叶柄、卷须、幼果、果梗等幼嫩部分。嫩叶感病，叶面呈现红褐色针头大小的斑点，扩大后呈圆形或不规则形，中部为浅褐色或灰褐色，边缘为深褐色病斑，后期病斑干枯破碎，常形成穿孔。幼果感病，初为深褐色斑点，逐渐扩大后变成中部灰白色、边缘紫褐色、稍凹陷的病斑，形似鸟眼状。

（二）防治要点

（1）春天芽萌动时，可喷一遍5波美度石硫合剂，或硫酸亚铁硫酸液（10％硫酸亚铁＋1％粗硫酸），也可喷10％～15％硫酸铵溶液，以铲除枝蔓上的越冬菌源。

（2）在葡萄开花前后，可喷10％绿得保500倍液，也可用50％退菌特800倍液，50％多菌灵800～1000倍液，75％百菌清500～600倍液，可兼治白腐病、炭疽病。

十六、葡萄二黄斑叶蝉

（一）症状

全年以成虫、若虫聚集在葡萄叶的背面吸食汁液，受害叶片正面呈现密集的白色小斑点，严重时叶片苍白，致使早期落叶，影响枝条成熟和花芽分化。

（二）防治要点

掌握第一代若虫盛发期是药剂防治的关键时期，一般喷90％美曲膦酯800～1000倍液或50％辛硫磷乳油3000倍液，均有良好的防治效果。

十七、葡萄十星叶甲

（一）症状

以成虫及幼虫啮食葡萄叶片或芽，造成叶片穿孔，导致生长发育受阻。成虫每个翅鞘上各有5个圆形黑色斑点。

（二）防治要点

(1)农业防治。冬季清园和翻耕土壤，杀灭越冬卵；利用成虫、幼虫的假死性，清晨振动葡萄架，使成虫和幼虫落下，集中消灭。

(2)药剂防治。4～5月份在卵孵化前施药，用50%辛硫磷乳油处理树下土壤，每公顷用7.5千克，制成毒土，撒施后浅锄；低龄幼虫期和成虫产卵树冠喷10%高效氯氰菊酯乳油3000～4000倍液防治。

十八、樱桃褐腐病

主要为害花和果实，引起花腐和果腐，发病初期，花器渐变褐色，直至干枯；后期病部形成一层灰褐色粉状物，从落花后10天幼果开始发病，果面上形成浅褐色小斑点，逐渐推广为黑褐色病斑，幼果不软腐，成熟果发病，初期在果面产生浅褐色小斑点，迅速推广，引起全果软腐。

防治措施：①清洁果园，将落叶、落果清扫烧毁；②合理修剪，使树冠具有良好的通风透光条件；③发芽前喷1次3～5度石硫合剂；④生长季每隔10～15天喷1次药，共喷4～6次，药剂可用1∶2∶240倍波尔多液或77%可杀得500倍液，50%克菌丹500倍液。

十九、樱桃流胶病

主要为害樱桃主干和主枝，一般从春季树液流动时开始发生，初期枝干的枝杈处或伤口肿胀，流出黄白色半透明的黏质物，皮层及木质部变褐腐朽，导致树势衰弱，严重时枝干枯死。发病原因一是有枝干病害、虫害、冻害、机械伤造成的伤口引起流胶，二是由于修剪过度、施肥不当、水分过多、土壤理化性状不良等，导致树体生理代谢失调而引起流胶。

防治措施：①增施有机肥，健壮树势，防止旱、涝、冻害；②搞好病虫害防治，避免造成过多伤口；③冬剪最好在树液流动前进行，夏季尽量减少较大的剪锯口；④发现流胶病，要及时刮除，然后涂药保护。常用药剂有50%退菌特1份、50%悬浮硫5份加水调成混合液，以及用生石灰10份、石硫合剂1份、食盐2份、植物油0.3份加水调成混合液。

二十、樱桃叶斑病

该病主要为害叶片，也为害叶柄和果实。叶片发病初期，在叶片正面叶脉间产生紫色或褐色的坏死斑点，同时在斑点的背面形成粉红色霉状物，后期随着斑点的扩大，数斑联合使叶片大部分枯死。有时叶片也形成穿孔现象，造成叶片早期脱落，叶片一般5月份开始发病，7～8月份高温、多雨季节发病严重。

防治措施：①加强栽培，增强树势，提高树体抗病能力；②清除病枝、病叶，集中烧毁或深埋；③发芽前喷3～5度石硫合剂；④谢花后至采果前，喷1～2次70%代森锰锌600倍液或75%百菌清500～600倍液，大生M－45800倍液等，每隔10～14天喷1次。

二十一、核桃黑斑病

合理施肥：肥料以有机肥为主，保障核桃的生产需求；出现核桃黑斑病的相关症状的时候，要及时阻断病源的传播；密切关注核桃的后期生长情况，病情加重时要及时处理；选择适合的药剂，比如说波尔多液等预防核桃黑斑病，清除病菌，提高核桃的产量。

二十二、核桃炭疽病

在核桃种植早期喷洒预防药剂预防核桃炭疽病，药液的浓度根据核桃的病变情况决定。

二十三、猕猴桃褐斑病

褐斑病最开始危害叶片，后随着病害蔓延危害枝干和果实，发病时叶片边缘出现水渍状的病斑，在慢慢扩散，形成大片不规则的病斑，如果不加以制止，整个植株会全部感染，导致植株萎靡，叶片枯萎脱落。

防治方法：发病初期将病叶或病枝及时剪除，再烧毁，然后再用碧艾药剂进行防治，如果发病较为严重，可用秀库治疗。

二十四、猕猴桃灰霉病

灰霉病主要发生在花期、果期，病害感染后使花朵变色并腐烂脱落，感染果实后，果实表面的柔毛变褐色，严重可导致落果。发病时病菌依附在雄蕊、花瓣上，并以此为点，逐渐扩散，形成病斑。

防治方法：发病初期可用灰卡防治，将发病的花朵和果实摘除，以免危害其他花朵果实，发病严重时，可用翠润治疗。

二十五、枣锈病

仅为害叶片，发病初期在叶片背面散生淡绿色小点，后逐渐突起成黄褐色锈斑，多发生在叶脉两侧及叶尖和叶基。后期破裂散出黄褐色粉状物。叶片正面，在与夏孢子堆相对处呈现许多黄绿色小斑点，叶面呈花叶状，逐渐失去光泽，最后干枯早落。

合理密植，修剪过密枝条，以利通风透光，增强树势，雨季及时排水，防止果园过湿，行间不种高秆作物和西瓜、蔬菜等经常灌水的作物。落叶后至发芽前，彻底清扫枣园内落叶，集中烧毁或深翻掩埋土中，消灭初侵染来源。

6 月中旬，夏孢子萌发前，喷施下列药剂进行预防：

80%代森锰锌可湿性粉剂 600～800 倍液；

65%代森锌可湿性粉剂 500～600 倍液等。

在 7 月中旬枣锈病的盛发期喷药防治，可用下列药剂：

20.67%恶唑菌酮·氟硅唑 2000～2500 倍液；

25%三唑铜可湿性粉剂 1000～1500 倍液；

10%苯醚甲环唑水分散粒剂 1000～1500 倍液；

12.5%烯唑醇可湿性粉剂 1000～2000 倍液；

50%多菌灵可湿性粉剂 800～1000 倍液；

50%甲基硫菌灵可湿性粉剂 1000～1500 倍液；

20%萎锈灵乳油 600～800 倍液；

97%敌锈钠可湿性粉剂 500～600 倍液；

12.5%腈菌唑乳油 2000～3000 倍液，间隔 15 天再喷施 1 次。

二十六、枣疯病

枣疯病的发生，一般是先从一个或几个枝条开始，然后再传播到其他枝条，最后扩展至全株，但也有整株同时发病的。症状特点是枝叶丛生，花器变为营养器官，花柄延长成枝条，花瓣、萼片和雄蕊肥大、变绿、延长成枝叶，雌蕊全部转化成小枝。病枝纤细，节间变短，叶小而萎黄，一般不结果。病树健枝能结果，但其所结果实大小不一，果面凹凸不平，着色不匀，果肉多渣，汁少味淡，不堪食用。后期病根皮层变褐腐烂，最后整株枯死。

于早春树液流动前和秋季树液回流至根部前，注射 1000 万单位土霉素 100ml/株或 0.1%四环素 500ml/株。

以 4 月下旬、5 月中旬和 6 月下旬为最佳喷药防治传毒害虫时期，全年共喷药 3～4 次。可喷施下列药剂：25%喹硫磷乳油1000～1500 倍液；

80%敌敌畏乳油 800～1000 倍液；

50%辛硫磷乳油 1000～2000 倍液；

50%杀螟硫磷乳油 1000～1500 倍液；

20%异丙威乳油 500～800 倍液；

10%氯氰菊酯乳油 2000～3000 倍液；

20%氰戊菊酯乳油 1000～2000 倍液 2.5%溴氰菊酯乳油 2000～2500 倍液；

10%联苯菊酯乳油 2000～2500 倍液等。

二十七、李疮痂病

主要为害果实，亦为害枝梢和叶片。果实发病初期，果面出现暗绿色圆形斑点，逐渐扩大，至果实近成熟期，病斑呈暗紫或黑色，略凹陷(图 5-13)。发病严重时，病斑密集，聚合连片，随着果实的膨大，果实龟裂。新梢和枝条被害后，呈现长圆形、浅褐色病斑，继后变为暗褐色，并进一步扩大，病部隆起，常发生流胶。病健组织界限明显。叶片受害，在叶背出现不规则形或多角形灰绿色病斑，后转色暗或紫红色，最后病部干枯脱落而形成穿孔，发病严重时可引起落叶。

早春发芽前将流胶部位病组织刮除，然后涂抹 45％晶体石硫合剂 30 倍液，或喷 3～5 波美度石硫合剂加 80％的五氯酚钠原粉200～300 倍液，或用 1∶1∶100 等量式波尔多液，铲除病原菌。

生长期于 4 月中旬至 7 月上旬，每隔 20 天用刀纵、横划病部，深达木质部，然后用毛笔蘸药液涂于病部。可用下列药剂：

70％甲基硫菌灵可湿性粉剂 600～800 倍液＋50％福美双可湿性粉剂 300 倍液；

80％乙蒜素乳油 50 倍液；

1.5％多抗霉素水剂 100 倍液处理。

二十八、柑橘黄龙病

柑橘黄龙病全年均能发病，春、夏、秋梢都可出现症状。幼年树和初期结果树多为春梢发病，新梢叶片转绿后开始褪绿，使全株新叶均匀黄化；夏、秋梢发病则是新梢叶片在转绿过程中出现无光泽淡黄，逐渐均匀黄化。投产的成年树则表现为树冠上有少数枝条新梢叶片黄化，次年黄化枝扩大至全株，使树势衰退。

(1)严格实行检疫制度，严禁从病区调运苗木和接穗。

(2)建立无病苗圃，培育种植无病毒苗木。

(3)严格防治传病昆虫——柑橘木虱。

(4)及时挖除病株并集中烧毁。

二十九、柑橘溃疡病

湖南一般在4月下旬至5月上旬开始发病，直至9月中旬才逐渐减轻。高温高湿(相对湿度80%～90%)是适宜发病的气候条件。全年一般以夏梢受害最重，春梢次之，秋梢较轻。春梢发病高峰期在5月上旬，夏梢发病高峰期在6月下旬，秋梢发病高峰期在9月下旬，其中以6～7月夏梢和晚夏梢受害最重。气温在条件下，雨量越多，病害越重。

4～7月喷药5～8次。防效较好的药剂有：77%可杀得可湿性粉剂600倍液，20%叶青双可湿性粉剂500倍液，53%可杀得2000型可湿性粉剂1000倍液，72%农用链霉素可溶性粉剂1000倍液+1%酒精溶液浸30～60分钟，倍量式波尔多液+1%茶籽麸浸出液等。

第二节　果树虫害

一、绣线菊蚜

一年发生10余代，主要以卵在樱桃枝条芽旁或树皮裂缝处越冬，翌年4月上中旬萌芽时卵开始孵化，初孵幼蚜群集在叶背面取食，10天左右即产生无翅胎生雌蚜，6～7月温度升高，繁殖加快，虫口密度迅速增长，为害严重。8～9月蚜群数量开始减少，10月开始产生有性蚜虫，雌雄交尾产卵，以卵越冬。

防治措施：①展叶前，越冬卵孵化基本结束时，喷40%乐果或70%灭蚜可湿性粉剂1500～2000倍液；②5月上旬蚜虫初发期进行药剂涂干，如树皮粗糙，先将粗皮刮去，刮至稍露白即可；常用内吸药剂有40%乐果乳油2～3倍液，在主干中部用毛刷涂成6cm的环带。如蚜虫较多，10天后可在原部位再涂药1次；③有条件的可人工饲养捕食性瓢虫、草蛉等天敌。

二、舟形毛虫

一年发生1代，以蛹在树根部土层内越冬，第2年7月上旬至8月中旬羽化成虫，昼伏夜出，趋光性较强，卵多产在叶背面。3龄前的幼虫群集在叶背为害，早晚及夜间为害，静止的幼虫沿叶缘整齐排列，头、尾上翘，若遇振动，则成群吐丝下垂，9月份幼虫老熟后入土化蛹越冬。

防治措施：①结合秋翻地或春刨树盘，使越冬蛹暴露地面失水而死；②利用3龄前群集取食和受惊下垂习性，进行人工摘除有虫群集的枝叶；③为害期可喷50%杀螟松乳油1000倍液或20%速灭杀丁2000倍液。

三、桑白蚧

为害状多以若虫和雌成虫群集枝条上吸食，2～3年生枝受害最重，被害处稍凹陷。

防治方法：①人工防治冬季休眠期，人工刮刷树皮，消灭越冬雌成虫。②休眠期药剂防治萌芽期，喷布1次5%蒽油乳剂，或5波美度石硫合剂。③生长期药剂防治各代若虫孵化盛期喷布1次40%乐果乳油1500倍液，或50%敌敌畏乳油1000倍液，或2.5%功夫乳油3000倍液。④生物防治小黑瓢虫是重要天敌，应保护利用。

四、介壳虫

症状：主要危害树体枝干，吸食树体枝叶，造成树势衰弱，枝条干枯死亡。

防治办法：加强土、肥、水管理，合理修剪，增强树势；早春发芽前，喷5度石硫合剂，杀死越冬小幼虫，若虫孵化盛期(5月下6月上)喷克蚧灵、蚧光、蚧达的混合液防治效果较好或喷2.5%溴氰菊酯3000倍液或10%氯氰菊酯800～1000倍液或0.3～0.5度石硫合剂。

要想提高杏子的种植效益，必须要加强病虫害管理，合理修剪，及时清除枯枝落叶，保持果园清洁，并配合相应的药物，防治与解决相关病虫害，从而提高果品质量。

五、黄粉蚜

危害梨果实、枝干和果台枝。

(一)症状

以成虫、若虫危害，梨果实受害处产生黄斑稍下陷，黄斑周缘产生褐色晕圈，最后变成褐色斑，造成果实腐烂。

(二)防治方法

(1)农业防治：刮树皮和翘皮以杀死越冬卵。

(2)药剂防治：在7～8月份喷10%吡虫啉2000倍液；对于采用套袋栽培的梨园应在5月底套袋前喷10%吡虫啉2000倍液。

六、李子食心虫

此病害的关键时期是各代成虫盛期和产卵盛期及第1代老熟幼虫入土期。喷施90%美曲膦酯0.8%液、50%马拉硫磷1%液、50%敌敌畏。李树生理落果前、冠下土壤普施1次50%辛硫磷1%～1.5%液。在落花末期(95%落花)小果呈麦粒大小时，喷第1次药，使用敌敌畏、敌杀死、速灭杀丁、来福灵皆可，每隔7～10d喷1次。从综合防治的角度考虑，亦可采用生物制剂对树冠下土壤进行处理，如白僵菌等。秋后应把落果扫尽，减少翌年虫源。

七、红蜘蛛

根据红蜘蛛的生活习性，在田间管理方面，要合理间作，及时深翻树盘或树盘埋土，合理修剪，适当施肥灌水。亦可用土办法防治，诸如大蒜汁喷施或洗衣粉与石硫合剂混用等方法。同时要保护好天敌，以发挥天敌对虫害的自然控制作用。

八、桃小食心虫

(一)症状

桃小食心虫危害苹果，多从果实胴部或顶部蛀入，经2天左右，从蛀果孔流出透明的水珠状果胶，俗称“淌眼泪”，不久干涸成白色蜡状物。幼虫蛀入后在皮下及果内纵横潜食，果面上凹凸不平呈畸形，俗称“猴头果”。近成熟果实受害，果形不变，但虫道中充满虫粪，俗称“豆沙馅”。

(二)防治要点

(1)地面防治，在越冬幼虫出土期时，开始在树盘上喷药，隔10～15天再喷一次。常用50％二嗪农乳油500倍液等防治。

(2)树上防治，消灭卵和初孵化幼虫，应在孵化盛期进行喷布。常用青虫菌6号和灭幼脲500～1000倍液。

(3)性诱剂诱杀成虫。

(4)人工防治，采用筛茧、埋茧、晒茧、刷茧和摘虫果等措施减少各变态阶段的虫源数量。

第九章　茶树病虫害综合防控技术

第一节　主要病虫草害

一、病害

茶树主要病害包括：茶饼病、茶网饼病、茶白星病、茶芽枯病、茶云纹叶枯病、茶炭疽病、茶轮斑病、茶褐色圆星病、茶煤病、茶赤叶斑病、茶藻斑病、茶红锈藻病、茶膏药病、茶枝梢黑点病、茶线腐病、茶枝癌病、茶白纹羽病、茶苗白绢病、茶根腐病、茶紫纹羽病、茶粗皮病等。

二、虫害

茶树主要害虫包括：茶尺蠖、油桐尺蠖、茶银尺蠖、木撩尺蠖、茶用克尺蠖、灰茶尺蠖、茶毛虫、茶黑毒蛾、茶白毒蛾、茶小卷叶蛾、茶卷叶蛾、茶细蛾、茶蓑蛾、大蓑蛾、茶褐蓑蛾、茶小蓑蛾、白囊蓑蛾、茶刺蛾、扁刺蛾、褐刺蛾、丽绿刺蛾、黄刺蛾、龟形小刺蛾、茶蚕、茶斑蛾、斜纹夜蛾、茶丽纹象甲、绿鳞象甲、茶芽粗腿象、角胸叶甲、红褐斑腿蝗、短额负蝗、绿螽斯、假眼小绿叶蝉、黑刺粉虱、长白蚧、椰圆蚧、角蜡蚧、龟蜡蚧、红蜡蚧、茶长绵蚧、茶牡蛎蚧、碧蛾蜡蝉、青蛾蜡蝉、八点广翅蜡蝉、可可广翅蜡蝉、柿广翅蜡蝉、茶谷蛾、茶蚜、绿盲蝽、茶角盲蝽、茶网蝽、茶盾蝽、茶黄蓟马、茶棍蓟马、茶橙瘿螨、茶短须螨、茶跗线螨、咖啡小爪螨、神泽叶螨、茶天牛、茶红翅天牛、茶黑跗眼天牛、茶籽象甲、茶籽盾蝽、茶梢蛾、茶堆沙蛀蛾、咖啡木蠹蛾、铜绿丽金龟、黑绒鳃金龟、暗黑鳃金龟、斑喙丽金龟、大蟋蟀、家白蚁、非洲蝼蛄、小地老虎等。

三、草害

茶树主要草害包括：马唐、看麦娘、白茅、蒲公英、莎草、狗尾草、车前草、早熟禾、紫茎泽兰、小飞蓬、龙葵、葎草、蛇莓等。

第二节　综合防控技术

构建茶树病虫草害综合防控技术体系并因地制宜地付诸实施，即协调使用农业防治、生物防治、物理机械防治、化学防治和植物检疫等技术，持续控制病虫草害种群数量在防治指标之下，减免化学农药施用量。综合防控技术模式组成结构为病虫害监测预报＋杀虫灯＋农业防治＋害虫性诱防治＋信息素黏虫板＋生物农药＋冬季清园；技术路线贯彻“预防为主、综合防治”的方针，牢固树立“科学植保、绿色植保”的理念，积极应用成熟、高效的现代植保防控技术，努力降低化学农药的使用，提高茶叶的品质和产量，以获得良好的经济效益、生态效益和社会效益。

一、安装虫情测报灯

在茶园内安装虫情测报灯，通过加强预测预报，掌握病虫害最佳防治适期，及时指导防治，提高防治效果。

二、推广使用杀虫灯

选择太阳能杀虫灯，每15～30亩安装一盏杀虫灯，安装时灯离茶蓬间距1.2米，灯与灯间隔距离山区120米、丘陵150米，对茶毛虫、茶蓑蛾、茶尺蠖、茶小卷叶蛾等成虫进行诱杀。

三、加强农业防治

农业防治措施是茶园日常管理中最基础的工作。通过农事操作，有目的地定向改变某些环境因素，创造不利于病虫滋生和有利于天敌繁衍的环境条件，具有预防和长期控制茶园病虫害的作用。

1. 及时、分批、多次采摘。茶树假眼小绿叶蝉、茶橙瘿螨、茶黄蓟马、茶二叉蚜、茶细蛾等主要在嫩梢危害，通过及时摘除嫩梢嫩叶，可以带走相当数量的虫口，恶化这些趋嫩害虫的取食产卵环境，减轻这类害虫的危害。同时，对以危害嫩梢为主的病害，如茶白星病和茶饼病有一定的抑制作用。

2. 合理修剪与台刈。修剪可以直接清除大量病虫，修剪程度越深，剪去的病枝、虫枝越多，控制病虫害效果越明显。对茶小绿叶蝉、黑刺粉虱、茶白星病发生严重的茶园，通过合理修剪与台刈措施，改善茶园的通风透光条件，显著减轻病虫害的危害程度。重修剪、深修剪及台刈不仅可去除叶部病虫，还可去除茶梢蛾、茶蛀梗虫等钻蛀性害虫及不易根治的蚧壳类害虫。同时，将修剪下的枝叶压肥，还可以改善土壤，增加土壤有机质含量。

3. 茶园铺草，合理除草。茶园行间铺草的目的是为了防止水土流失，保蓄土壤水分，稳定土温，抑制杂草生长，增加土壤有机质含量，提高土壤肥力和生物活性，冬天可提高地温防止冻害，减轻采茶人员对土壤的践踏，保持土体良好的构型，保护茶园蜘蛛安全过冬等，是有机茶园一举多得最重要的土壤管理措施。茶园铺草，一般不少于15000千克/公顷，厚度5～10厘米，铺草时间宜在雨季或干旱季节来临之前，草料可利用山草、作物秸秆、绿肥等。对于有机茶园的恶性杂草切忌使用除草剂，至于一般杂草不必除草务净，保留一定数量的杂草有利于天敌的繁衍、栖息，维护生态系统的平衡。

4. 及时中耕，合理施肥。中耕可使土壤通风透气，促进茶树根系生长和土壤微生物的活动，破坏地下害虫的栖息场所，有利于天敌入土觅食。但一般以夏、秋季浅翻 1～2 次为宜。对茶丽纹象甲、茶角胸叶甲幼虫发生较多的茶园，也可在春茶开采前翻耕一次，秋、冬季茶园结合深耕挖蛹施基肥，杀死部分虫蛹如多数的茶尺蠖蛹、茶丽纹象甲的卵、幼虫等。还可将表土层中越冬的害虫如象甲类、蛴螬幼虫暴露于地面，使之因环境不适或机械损伤或被天敌捕食而死，减少出土成虫数量，减轻危害。

四、使用性诱剂诱杀

性诱剂配合性诱器诱杀害虫是利用昆虫信息素防治害虫的新方法。利用性诱剂、诱捕器诱杀害虫目前已经发展成为茶树绿色防控的主要手段之一。据武夷山市试验观察显示，茶尺蠖、茶毛虫信息素及诱捕器对茶园茶尺蠖、茶毛虫的防治效果分别达到 42.36％和 32.49％，能够较有效地控制茶尺蠖和茶毛虫田间虫口数量，降低茶叶损失。

五、应用信息素黏虫板

茶园假眼小绿叶蝉始终是茶树绿色防控必须解决的头号害虫，通过信息素加黏虫板的叠加使用，可以有效地控制茶园假眼小绿叶蝉的危害。黄色黏虫板的使用方法：在成虫大发生期，每亩插 25 厘米×30 厘米黄色虫板 20 片，黏虫板底边高于茶蓬面 10～20 厘米。近年来武夷山市累积示范推广面积达到 800 公顷，效果比较理想。

六、使用植物源农药

可以应用苏云金杆菌(Bt)制剂防治茶毛虫、茶尺蠖等鳞翅目幼虫，应用白僵菌防治茶丽纹象甲等，应用核型多角体病毒防治茶尺蠖、茶毛虫等鳞翅目幼虫，应用韦伯虫座孢菌防治黑刺粉虱、椰圆蚧等均有良好的防效；用捕食螨和99%矿物油乳油防治茶橙瘿螨；用苦参碱、藜芦碱、印楝素防治茶小绿叶蝉、茶蚜、茶毛虫等。

七、冬季封园

冬季茶园封园，喷施石硫合剂。结合冬季修剪，剪除病虫枝，清除园内和园边的杂草、枯枝、落叶，并喷洒45%石硫合剂150倍液或专用清园剂，对防治茶橙瘿螨、黑刺粉虱、蚧类和茶树病害等效果良好，对减少越冬病虫基数，减轻翌年病虫危害有着重要作用。

主要参考文献

全国农业技术推广服务中心. 稻田农药科学使用技术指南[M]. 北京：中国农业出版社，2018.

中央农业广播电视学校组. 化肥农药减施增效技术[M]. 北京：中国农业出版社，2018.

蒋玉根，戴学龙，麻万诸. 化肥减量应用技术与原理[M]. 北京：中国农业科学技术出版社，2018.

全国农业技术推广服务中心. 化肥减量增效技术模式[M]. 北京：中国农业出版社，2017.